L'AILANTE

ET

SON BOMBYX

CULTURE DE L'AILANTE — ÉDUCATION DU VER QUE CET ARBRE NOURRIT
VALEUR ET EMPLOI DE LA SOIE QU'ON EN TIRE

PAR

HENRI GIVELET

OUVRAGE ORNÉ DE PLUSIEURS PLANS ET DE 14 PLANCHES COLORIÉES

Dessinées d'après nature

Par CH. MILLON DE MONTHERLANT

PARIS

LIBRAIRIE AGRICOLE DE LA MAISON RUSTIQUE

20, RUE JACOB, 20

1866

L'AILANTE

ET

SON BOMBYX

MONTEREAU. — IMPRIMERIE DE L. ZANOTE.

L'AILANTE

ET

SON BOMBYX

CULTURE DE L'AILANTE — ÉDUCATION DU VER QUE CET ARBRE NOURRIT
VALEUR ET EMPLOI DE LA SOIE QU'ON EN TIRE

PAR

HENRI GIVELET

OUVRAGE ORNÉ DE PLUSIEURS PLANS ET DE 14 PLANCHES COLORIÉES

Dessinées d'après nature

Par CH. MILLON DE MONTHERLANT

PARIS

LIBRAIRIE AGRICOLE DE LA MAISON RUSTIQUE
26, RUE JACOB, 26

1866

A Monsieur le Président BONJEAN, Sénateur,

Ancien Ministre de l'Agriculture et du Commerce,
Président de la Chambre des Requêtes à la Cour de cassation.
Grand-Officier de la Légion d'honneur, etc.

Monsieur le Président,

Les liens d'affection qui unissent depuis longtemps ma famille à la vôtre, me font espérer que vous voudrez bien agréer l'hommage de ce petit volume.

Vous trouverez peut-être un peu sévère le jugement porté contre ces maraudeurs, défendus au Sénat, avec tant d'éloquence, dans la séance du 7 juin 1861.

Il me faut attaquer, et dans l'exercice même de leurs fonctions, plusieurs de ces pillards, aussi gracieux qu'agiles, dont votre protection a fait de véritables fonctionnaires publics.

Mais si leur zèle aveugle les rend, dans certains cas, plus nuisibles qu'utiles, je n'en déplore pas moins cette nécessité d'user de représailles.

Vous en aurez la preuve dans le soin que j'ai mis à faire ressortir l'innocence de ceux dont la réputation pouvait être entachée d'injustes soupçons.

Cet acte d'équité, qui doit me concilier le cœur du Magistrat, me fera trouver grâce devant le Sénateur.

Comptant sur cette bonne fortune, je suis avec respect,

Monsieur le Président,

Votre très-humble et très-obéissant serviteur,

HENRI GIVELET.

INTRODUCTION

Pendant qu'aux Tuileries se préparait cette mémorable expédition, qui devait conduire nos aigles victorieuses jusqu'au cœur du Céleste-Empire, un simple et modeste savant, sans autres armes que sa science et son patriotisme, ménageait à l'Europe une autre conquête sur l'Asie, conquête plus pacifique, mais non moins féconde en résultats.

Nous ne pouvons donc mieux commencer ce travail, qu'en payant tout d'abord notre dette de reconnaissance au généreux et persévérant disciple de Cuvier, qui n'a pas hésité à consacrer sa vie, à exposer sa réputation, à sacrifier ses intérêts personnels à l'étude d'un problème, dont la solution devait être pour son pays la source de nouvelles et d'abondantes richesses. Honneur donc à M. Guérin Méneville. Honneur à ce noble cœur, dont nos descendants, à coup sûr, béniront la mémoire.

Les magnifiques produits des vers à soie du mûrier occupent, depuis des siècles, une telle place dans l'industrie, qu'on n'a jamais, en Europe, bien sérieusement cherché, si les travaux d'autres insectes ne pourraient recevoir la même application. Les naturalistes signalent cependant, à différentes époques, l'existence de diverses espèces de chenilles, dont les cocons pourraient fournir une matière solide et durable.

Du temps des Romains, on sait déjà vaguement que les parasites de plusieurs végétaux produisent des soies estimées en Grèce. Pline l'Ancien nous en fait cette description, dont la naïveté prouve que la science, à cette époque, n'était pas à la hauteur de la poésie :

« On dit qu'il naît aussi des bombyx dans l'île de Cos,
« où la vapeur de la terre anime les fleurs que les
« pluies ont fait tomber du cyprès, du térébinthe, du
« frêne et du chêne. Il se forme d'abord de petits papil-
« lons qui sont nus; bientôt, pour se garantir du froid, ils
« se couvrent de poils, et se fabriquent d'épaisses tuni-
« ques, contre la rigueur de l'hiver, en arrachant le duvet
« des feuilles qu'ils grattent avec les aspérités de leurs
« pieds; ils le ramassent en un tas, le cardent avec leurs
« ongles, le traînent sur les branches, et l'effilent comme
« avec un peigne; ensuite ils saisissent les brins, et en
« forment une couverture qu'ils roulent autour d'eux.
« Alors on les emporte, et on les dépose dans des vases
« de terre, où ils sont entretenus par une douce chaleur

« et nourris avec du son. Il leur pousse des ailes d'une
« espèce particulière ; dans cet état on leur donne la li-
« berté pour qu'ils entreprennent d'autres travaux. Jetée
« dans l'eau, la toile qu'ils ont ourdie s'amollit, puis on
« la file avec un fuseau de jonc. Les hommes n'ont pas eu
« honte d'usurper ces étoffes, parce qu'elles sont légères
« pour l'été. Il est si loin de nos mœurs de porter la cui-
« rasse que nos vêtements mêmes sont une charge in-
« commode. Toutefois nous laissons encore aux femmes
« la bombyce assyrienne [1]. »

Ce passage, malgré les singulières idées qu'il contient
sur la naissance et les transformations des insectes,
prouve bien que, dès cette époque, la soie de différents
arbres était employée pour les vêtements des hommes.
On laissait sans doute aux femmes les soies du mûrier,
comme le pensait le savant annotateur de l'édition que
nous venons de citer [2].

Vers le milieu du siècle dernier, les missionnaires

[1] Pline l'Ancien, traduction de Ajasson de Grandsagne avec notes de
Cuvier. Paris, 1829-33, livre XI, page 59.

[2] A ce passage de Pline correspond la note suivante de Cuvier : « Ce
« chapitre prouve encore que l'on tirait parti de la soie des chenilles de la
« Grèce, et même à ce qu'il paraît de quatre arbres différents, le chêne, le
« frêne, le cyprès et le terebinthe. Quelque obscurité qu'il y ait dans la
« description de ces insectes et de leurs métamorphoses, on ne peut douter
« que ce ne fussent des chenilles. Aujourd'hui, celle du mûrier blanc, ap-
« portée à Constantinople du temps de Justinien, a fait oublier toutes les
« autres, parce que sa soie est plus belle, plus facile à dévider, et que l'on
« peut en recueillir une plus grande quantité. C'est peut-être celle-là dont
« Pline dit, à la fin du chapitre, qu'on laisse encore la bombyce d'Assyrie
« aux femmes. » (Notes G. Cuvier, page 233.)

français trouvent les Chinois exploitant en plein air les vers du fagara, du frêne et du chêne. Le cardinal de Fleuri lui-même s'en préoccupe et reçoit, en 1740, un mémoire du Père d'Incarville *en réponse aux questions que le ministre et plusieurs savants lui avaient adressées sur ce sujet*, mémoire que nous n'avons malheureusement pu retrouver.

Quelques années plus tard, les notes recueillies par le vénérable Père sont réunies et publiées par ses successeurs, et nous en retrouvons l'analyse dans les *Mémoires concernant l'histoire, les sciences, les arts, les mœurs, les usages, etc., des Chinois, par les missionnaires de Pékin.*

Après avoir décrit les soins à donner aux vers à soie sauvages, et la manière d'en employer les cocons, les bons Pères ajoutent :

« En rassemblant tout ce que nous venons de dire, il
« est évident que les vers à soie sauvages sont plus faciles
« à élever, à bien des égards, que les vers à soie du mûrier,
« et mériteraient peut-être l'attention du ministère pu-
« blic, à qui seul il convient de décider, s'il serait utile
« au royaume de procurer une nouvelle espèce de soie à
« celles de nos provinces, où des essais faits avec soin
« auraient fait connaître qu'on peut réussir à les élever.
« Tout ce qu'il nous convient d'ajouter à ce que nous en
« avons dit, c'est que ces vers sont une source de richesse
« pour la Chine même, quoiqu'on recueille, chaque an-

« née, une si prodigieuse quantité de soie de vers de mû-
« rier, qu'au dire d'un écrivain moderne, on pourrait en
« faire des montagnes. Il est vrai que la soie des vers
« sauvages n'est pas comparable à l'autre, et ne prend
« jamais solidement la teinture. »

« Mais : 1º elle coûte moins de soins, ou plutôt n'en
« coûte presque aucun dans les endroits, où le climat
« est favorable aux vers à soie sauvages, parce que tout ce
« qu'on risque en les négligeant, c'est d'avoir une récolte
« moins abondante ; encore est-on maître de l'avoir plus
« grande, en multipliant le nombre des arbres qu'on des-
« tine à ses vers.

« 2º Comme on ne dévide pas les cocons des vers sauva-
« ges, mais qu'on les file, comme nous faisons le fleuret
« ils dépensent moins de temps et de main-d'œuvre.

« 3º La soie qu'ils donnent est d'un beau gris de lin,
« dure le double de l'autre au moins, et ne se tac he pas
« si aisément ; les gouttes même d'huile ou de graisse ne
« s'y étendent pas, et s'effacent très-aisément. Les étoffes
« qu'on en fait se lavent comme le linge.

« 4º La soie des vers sauvages nourris sur le Fagara
« est si belle dans certains endroits, que les étoffes qu'on
« en fait, disputent de prix avec les plus belles soieries,
« quoiqu'elles soient unies et de simples droguets.

« Quand nous disons que cette soie ne se dévide pas,
« et ne prend pas la teinture, c'est un fait que nous
« racontons. L'industrie européenne, aidée et éclairé ᵉ

« par les élans du génie français, viendrait peut-être à
« bout de dévider les cocons de vers sauvages, et d'en
« teindre la soie. »

Ces conseils ne devaient être suivis qu'un siècle plus
tard. C'est que, pour faire adopter des idées nouvelles, il
faut plus que des conseils, plus que des écrits; il faut
des exemples et surtout des succès, et les vaillants cham-
pions du christianisme étaient appelés à d'autres de-
voirs.

Les Chinois ne sont pas les seuls peuples qui aient utilisé les travaux des vers à soie sauvages. Les voyageurs et
les savants mentionnent l'existence de ces intéressants lépidoptères dans différentes parties du globe. Rumphius,
Roxburg, Sikes étudient et décrivent plusieurs espèces de
Saturnia cultivées dans les Indes.

En 1829, M. Lamare-Piquot tente une première acclimatation, en transportant le Bombyx Mylitta du Bengale à
L'Ile-de-France; cette expérience, heureuse d'abord, n'a
malheureusement pas de suites. Il en est de même de quelques cocons apportés à Paris par le même voyageur, et
qui ne donnent aucun résultat.

En 1837, c'est M. Helfer, qui appelle l'attention du
monde savant sur six espèces différentes élevées, dans
l'Assam.

Dans un rapport fait à l'Académie des sciences, le 20
juillet 1840, M. Audoin entretient la docte assemblée de
quelques autres races qu'on trouve en Amérique :

« On sait, dit-il, que le genre Bombyx se compose de
« beaucoup d'espèces, dont les chenilles construisent leurs
« cocons uniquement avec de la soie, c'est-à-dire sans as-
« socier à leur fil aucun corps étranger. Le Bombyx du
« mûrier, Bombyx Mori est rangé dans cette division et
« doit y occuper la première place, tant à cause de la
« qualité et de l'abondance de la matière qu'il fournit,
« que parce qu'il a été jusqu'ici la seule espèce, qui ait
« été l'objet d'un commerce considérable, chez les na-
« tions civilisées, et surtout en Europe.

« Cependant il est bien certain, aujourd'hui, que plu-
« sieurs autres espèces du genre Bombyx fournissent des
« fils soyeux, dont on tire aussi parti, mais qui ne sont
« pas encore l'objet d'une exploitation étendue. On peut
« citer parmi elles quelques Bombyx des Indes-Orientales,
« et entre autres le Bombyx Mylitta dont la chenille fabri-
« que un cocon pourvu d'un long pédoncule, et qu'elle
« fixe aux branches des arbres, par le moyen d'un
« anneau soyeux très-solidement et très-artistement
« formé. »

« L'Académie a vu, il y a quelques années, plusieurs
« de ces cocons rapportés par M. Lamare Piquot ; mais ce
« sont les deux Amériques, et surtout l'Amérique du
« Nord, qui nourrissent des espèces donnant des soies
« très-remarquables, et dont les habitants font usage,
« soit en dévidant les cocons, soit en les cardant. »

« La Louisiane entre, autres contrées du continent

américain, est fournie de plusieurs de ces intéressants Bombyx [1]. »

M. Audoin raconte ensuite comment il vient d'élever à Paris quelques chenilles du *Bombyx Cecropia*, dont seize cocons lui ont été envoyés de la Louisiane, et qu'il a nourries de feuilles de prunier. Tout satisfaisant qu'il soit, cet essai ne dépasse pas les limites du laboratoire.

Cinq ans plus tard, M. Guérin Méneville publie, dans les annales de la Société séricicole, un mémoire très-remarquable sur les diverses espèces de Bombyx, dont la soie *est ou peut être utilisée* [2].

Dans cette nomenclature, nous voyons figurer un *Bombyx Cynthia*, mais il ne s'agit pas encore de celui qui nous occupe aujourd'hui. Il n'est question là que d'une espèce très-voisine, confondue longtemps avec l'autre, comme nous le verrons plus loin, et reconnue depuis pour être la *Saturnia arrindia*, ou l'*arrindy* des Indous.

« Cette espèce, dit l'auteur, mérite toute notre attention,
« parce qu'elle est élevée en grand dans plusieurs par-
« ties des Indes-Orientales et de la Chine. On la nourrit
« surtout des feuilles du *Ricinus communis* ou Palma
« Christi. »

Au même moment, M. H. Lucas renouvelle avec succès les expériences de M. Audoin sur le *Bombyx Cecropia*.

---

[1] Comptes rendus de l'Académie des sciences, tome XI, page 96.
[2] Annales de la Société séricicole. Paris, 1845.

Mais cette seconde tentative n'est pas poursuivie plus loin que la première.

On voit, cependant, combien à cette époque l'attention des naturalistes est portée vers ces curieuses études, car le 3 décembre 1849, M. Emile Blanchard, aujourd'hui membre lui-même de l'Institut, reprend encore la même question, dans un mémoire présenté à l'Académie des sciences, sur diverses espèces de Bombyx du genre *Attacus*.

« M. Isidore Geoffroy Saint-Hilaire a signalé, dit le savant « zoologiste, plusieurs espèces de mammifères et d'oi- « seaux, dont l'acclimatation en France pourrait augmenter « la richesse du pays; il en serait de même de l'acclimata- « tion de plusieurs invertébrés. La question de la pro- « duction de la soie m'a surtout occupé ; j'ai examiné « quels avantages il y aurait à élever dans notre pays « quelques-uns de ces grands bombyciens, dont les che- « nilles se filent des cocons composés d'une soie d'assez « belle qualité, pour être employée à la fabrication des « étoffes. Les espèces qui produisent de la soie sont « assez nombreuses, mais il importe de connaître surtout « celles qu'on peut élever sous notre climat, d'apprécier « la nature des avantages qu'offrirait leur introduc- « tion[1]. »

Dans une leçon faite au Collége de France, le 12 fé- vrier 1851, M. Guérin Méneville ne se borne plus à des

[1] Comptes rendus de l'Académie des sciences, tome XXIX, page 670.

vœux, il déplore amèrement l'indifférence, avec laquelle
ces questions si sérieuses sont généralement accueillies.

« On a lieu, dit-il, d'être surpris et en même temps
« très-affligé, de voir que des objets d'industrie aussi im-
« portants, qui remuent dans certains pays des capitaux
« immenses, qui donnent des produits si utiles, soient à
« peine connus chez nous, qui faisons de si grandes dé-
« penses en expéditions scientifiques de toutes sortes.
« N'est-il pas prodigieux en effet, que nous ne puissions
« pas même vous montrer le cocon et la soie du *Bombyx*
« *Cinthia,* et que nous soyons obligé de vous dire que
« la fameuse chenille, nommée vulgairement dans l'Inde
« *Arrindy eria* et son cocon, matière première des fou-
« lards de l'Inde, ne figurent dans aucun de nos riches
« musées, dans aucune de nos collections particulières?
« Ne devrions-nous pas être depuis longtemps en pos-
« session de cette espèce, qui donnerait des produits si
« utiles, dans le midi de la France et en Algérie. »

Mais les rapports, les mémoires, les discours ne suffisent pas; le savant professeur veut aller plus loin. Un
de ses anciens élèves vient de se fixer au Bengale; malgré
les frais considérables qu'entraîne une opération de cette
nature, M. Guérin Méneville le charge de lui rechercher une
quantité suffisante de cocons vivants, pour faire enfin lui-
même tous les essais d'introduction. Mais une difficulté se
présente. Le *Bombyx Arrindia* (puisque c'est là son véritable nom), se reproduit si souvent, qu'il ne peut atteindre

Marseille en un seul voyage; force est de relâcher en
Egypte, et d'y faire une éducation. Peut-être à la rigueur
irait-on jusqu'à Malte, mais il faut à Malte, si ce n'est en
Egypte, une personne dévouée, qui sache et qui veuille se
charger de tels soins.

Tandis qu'on cherche un moyen d'assurer ce transport,
on apprend tout à coup la solution du problème. Le fa-
meux ver est à Turin. Comment y est-il arrivé? C'est ce
que va nous apprendre la lettre suivante, adressée en 1854
à M. Guérin Méneville par M. le chevalier Baruffi, président de l'Université royale de Turin :

« L'idée première d'introduire le Bombyx des Indes en
« Piémont est due à notre excellent ami Bonafous[1], que
« nous regrettons toujours. Le moteur principal est un
« Piémontais, mon ami, qui demeure à Boulogne-sur-Mer,
« M. Bergonzi. Son correspondant à Calcutta, M. Pidding-
« ton a fait faire plusieurs éducations du ver du *Palma
« Christi* au Bengale pour arriver à le transporter à Cal-
« cutta. De là il m'a envoyé, par la route de l'Egypte et de
« Malte, je ne me rappelle pas combien de fois, depuis
« deux ans que cela dure, tantôt des graines, tantôt des
« cocons, qui malgré toutes les précautions, arrivaient
« toujours morts à Turin; mais vouloir c'est pouvoir, dit
« votre proverbe. J'avais proposé, pour abréger le chemin

---

[1] M. Mathieu Bonafous a publié en 1850 un travail intitulé. *Du Ricin
considéré sous tous ses rapports et principalement comme plante textile.*
In-8. Turin, 1850.

« de faire élever ce pauvre Bombyx en Egypte, et de le
« transporter de là à Gênes, le trajet ne durant que huit
« à dix jours. C'était notre dernière ressource, mais voilà
« que les graines ou les cocons arrivent un jour vivants
« à Malte, à M. W. Reid, savant agronome, gouverneur
« de l'île, avec lequel je suis en correspondance fré-
« quente.

« M. W. Reid est le seul, qui puisse répondre à bien
« des questions sur cette première éducation, puisque,
« jusqu'à présent, il est le seul, en Europe, que je sache,
« qui soit arrivé à élever cette nouvelle espèce de ver
« à soie. Les nôtres à Turin sont des fils de ceux de
« Malte. Je crois même, d'après ma longue correspondance
« avec M. Piddington, que ceux de Malte sont les fils de
« ceux de Calcutta, qui seraient déjà la seconde généra-
« tions de ceux de la campagne, très-éloignée (cinq cents
« lieues) de la métropole des Indes. » Vingt-quatre cocons
obtenus ainsi par M. W. Reid, expédiés de Malte à Turin
y étaient parvenus dans le meilleur état, le 19 mars 1854.
Conservés au laboratoire de chimie de l'Université royale
par M. Griseri, savant chimiste et habile éducateur, ils
avaient donné leurs papillons vers la fin d'avril, et produit
une génération, dont les graines pouvaient à leur tour
fournir au reste de l'Europe.

Cette laborieuse importation n'est pas perdue pour
nous. Un envoi de M. Baruffi à la Société d'acclimatation
est confié aux soins de M. Guérin Méneville, qui réussit

sans peine cette seconde expérience, et la poursuit plus tard avec toute l'ardeur que nous lui connaissons.

La nouvelle espèce est facile à nourrir ; mais elle n'a pas perdu sous notre ciel l'habitude de se reproduire incessamment, qualité précieuse sous les tropiques, où la végétation n'est jamais suspendue, défaut capital dans nos contrées, dont les longs hivers vont lui couper les vivres. Elle n'en reste pas moins, pour toutes nos colonies, un élément d'avenir et de prospérité.

Ce succès si longtemps annoncé, si longtemps attendu, n'est d'ailleurs qu'un premier pas dans la voie nouvelle qui s'ouvre pour la sériciculture.

Au mois de novembre 1856, le Père Fantoni, missionnaire piémontais dans la province de Han-Tung, tente de faire parvenir en Europe quelques cocons vivants de ces vers sauvages, recommandés par son vénérable prédécesseur, le R. P. d'Incarville. Vers la fin de mars 1857, MM. Comba et Griseri de Turin reçoivent le précieux envoi, dans les conditions les plus satisfaisantes.

Deux mois plus tard, après quelques éclosions infructueuses, plusieurs papillons des deux sexes se montrent simultanément, et leurs œufs donnent bientôt quelques jeunes vers.

Mais il reste à trouver l'arbre qui doit les nourrir, et les renseignements de l'expéditeur sont, à cet égard, assez incomplets. Dans sa lettre, le Père Fantoni nomme Chuen-Xu l'arbre que les Chinois destinent à cet usage.

« Cet arbre, ajoute-t-il, porte des feuilles sembla-
« bles à celles de l'acacia, mais plus longues. » Quelques
cocons sont encore, heureusement, enveloppés d'une
feuille, sur laquelle on remarque tous les caractères de
l'ailante. On présente cette essence aux nouveaux-nés,
et ceux-ci l'accueillent avec un empressement, qui con-
firme l'observation de la manière la plus satisfaisante.

Instruit de cette nouvelle tentative d'acclimatation,
M. Guérin Méneville, qui mieux que personne en comprend l'importance, veut en suivre lui-même les premières
phases. Il ne quitte Turin le 20 juin, que pour emporter
en France trois des derniers cocons, qui lui sont offerts
avec la plus gracieuse générosité.

Mais par malheur, de ces trois cocons transportés à
Sainte-Tulle avec toutes les précautions imaginables, sortent d'abord deux papillons mâles, qui meurent avant l'é-
closion du troisième. Toute chance de reproduction est
donc perdue, et cette première introduction reste sans
résultat.

Mais l'obligeance de MM. Comba et Griseri n'est point
épuisée. Ces Messieurs, d'ailleurs, ont pu mener à bien un
certain nombre de chenilles, et en recueillir les cocons. Le
4 juillet 1858, ils annoncent à M. Guérin Méneville un
envoi, qui permet au savant professeur de présenter à
l'Académie des sciences, le 5 juillet, à trois heures, quelques tuyaux de plumes remplis d'œufs, et trois papillons
femelles pondant encore, le tout arrivant de Turin.

L'année suivante, tous les visiteurs de l'Exposition peuvent admirer au Palais de l'Industrie la seconde génération française du nouveau Bombyx. Son introduction sous notre climat est désormais un fait accompli. Mais il reste à l'acclimater, à en faire une chenille de nos contrées, à couronner enfin la théorie par la pratique. Et c'est là qu'il faut toute l'énergie, toute la persévérance, toute l'abnégation de l'homme, à qui cette précieuse conquête est due.

Ce qui reste à faire n'est plus du domaine de la science. Il faut pousser dans cette voie des propriétaires, des agriculteurs, des industriels, qui peuvent apporter à l'étude de la question les ressources de leur fortune et de leur expérience. M. Guérin Méneville se montre à la hauteur de sa mission. Ses efforts sont inouïs pour propager son œuvre, mais ils sont couronnés de succès. Des agronomes distingués comprennent et adoptent ses idées. De hauts patronages lui viennent en aide. Par ses soins, une Société se forme pour commencer une exploitation sérieuse, et mettre à la disposition de ses nouveaux disciples les graines qui vont servir à des essais pratiques. Un vaste terrain concédé par l'Empereur, sur la ferme impériale de Vincennes, est couvert de plants d'ailantes recueillis partout où l'on peut en trouver. Des conférences sont données sur toutes les questions, qui se rattachent à la nouvelle sériciculture. L'avenir paraît à tous sous les couleurs les plus brillantes. L'enthousiasme est à son comble. De tous côtés on sème, on plante, on élève.

Trois années s'écoulent; des revers inévitables ont découragé les plus ardents; des hommes influents et sérieux se prononcent ouvertement contre des tentatives, dont le résultat semble plus que douteux. Les Italiens eux-mêmes ont abandonné la partie. La confiance s'ébranle de tous côtés. Le fantôme de l'utopie commence à tourmenter tous ces nouveaux adeptes. Ce bel échafaudage, si laborieusement élevé, va s'écrouler avant la construction de l'édifice. M. Guérin Méneville ne se décourage pas. Il fonde une Revue mensuelle de Sériciculture Comparée. Aux désastres des uns, il oppose les succès des autres. A tous il donne des encouragements et des conseils. Ce n'est pas tout encore. Il ne se contente pas d'écrire; partout où sa présence est utile, on le voit apparaître. L'âge, la fatigue, la distance, rien ne l'arrête. Son but est sa seule préoccupation.

Cette courageuse persévérance porte ses fruits. La conviction qui l'anime est encore une fois contagieuse. De nouveaux essais sont plus heureux; avec le temps vient l'expérience. Des observations utiles sont échangées dans la Revue. La nouvelle culture est enfin soumise à des règles plus fixes, et mieux raisonnées.

L'édifice est construit. Il est assis cette fois sur des bases, qui laissent pour l'avenir les espérances les plus légitimes. Nous en verrons les preuves se développer dans le cours de cet ouvrage.

Le nouveau ver est bien acclimaté. Vérifions maintenant

sa nature et son identité. L'expérience faite par M. Comba, sur la nourriture de l'insecte envoyé par le Père Fantoni, prouve suffisamment que ce Bombyx est bien le parasite de l'ailante. Mais il n'est pas sans intérêt de rapprocher de cette circonstance ce que nous trouvons à ce sujet dans les Mémoires des missionnaires de Pékin.

Ceux-ci ne mentionnent, comme vivant à l'état sauvage dans le nord de la Chine, que trois espèces de vers ; la première, disent-ils, se nourrit sur le fagara, qui est une espèce de poivrier ; la seconde sur le frêne, et la troisième sur le chêne. Mais dans une notice, que les mêmes auteurs publient ensuite sur les arbres servant à la nourriture des vers à soie sauvages, nous lisons :

« On distingue ici deux espèces de frênes, le Tchcou-
« Tchun ou frêne puant, le Hiang-Tchun ou frêne odorant.
« Le premier nous avait toujours paru être le même que
« le nôtre, parce que nous nous étions contentés des ap-
« parences, et que nous nous étions peu mis en peine
« de l'examiner de près. Ce que nous avons écrit sur les
« vers à soie sauvages nous a fait craindre de nous être
« trompés. Nous avons examiné les fleurs de cet arbre,
« elles nous paraissent différentes de celles que décrivent
« nos botanistes [1]. Les pétales sont au nombre de cinq
« et moins allongées, les étamines sont beaucoup plus

---

[1] La fleur du frêne commun d'Europe n'a ni calice ni corolle ; elle ne porte que 2 étamines à anthères sessiles, et un seul pistil. Une autre espèce, qui croît seulement dans la région méditerranéenne, porte une corolle composée de 4 ou 2 pétales linéaires, beaucoup plus longs que le calice.

« multipliées et plus petites, le pistil enfin et la grappe à
« laquelle les fleurs sont attachées paraissent différentes.
« Nous insistons sur ces bagatelles, parce que nous avons
« indiqué le frêne, comme étant la nourriture ordinaire
« d'une espèce de vers sauvages, et que, si l'espèce, dont
« nous avons voulu parler, était trop différente de la nôtre,
« les vers pourraient bien ne pas vouloir de la dernière. »

Nos vers de l'ailante refusent effectivement la feuille de
frêne ; d'un autre côté la description botanique que nous
venons de citer, et qui ne se rapporte nullement à la fleur
du frêne s'applique à merveille à la floraison de l'ailante.
L'odeur même, dont il est question, ne peut laisser aucun
doute à cet égard. Les missionnaires, trompés par l'analogie qui existe entre les feuilles des deux espèces, ont
confondu l'ailante avec le frêne.

Nous verrons d'ailleurs plus loin, que les descriptions
entomologiques de notre chenille se rapportent également
à l'insecte, que les Mémoires nous désignent sous le nom
de ver à soie du frêne. Il n'est pas moins probable, d'après
ce que nous avons vu dans Pline, que les anciens n'aient
aussi commis la même erreur.

Quant à la différence qui existe entre le nom de Chuen-
Xu, donné par le Père Fantoni à l'arbre nourricier de son
ver, et celui de Tcheou-Tchun que les Mémoires donnent
au frêne puant, nous ne pouvons guère nous y arrêter.
Nous voyons, en France, les arbres les plus répandus, les
animaux les plus communs, changer de nom d'une pro-

vince à l'autre, pourquoi n'en serait-il pas en Chine, comme dans le pays le plus civilisé ?

Nous avons enfin des renseignements plus positifs et plus récents, dans les *Études entomologiques* de M. de Motschulsky, où nous lisons :

« Dans les études précédentes, nous avons donné quel-
« ques détails sur deux vers à soie sauvages employés
« en Chine pour recueillir la soie. M. C. Skatschkoff, qui
« est de retour de Pékin, nous apprend qu'il existe encore
« deux autres espèces de lépidoptères, qui donnent ce
« précieux tissu. L'une vit des feuilles de l'*Ailantus glan-*
« *dulosa* et ressemble à la *Saturnia Cynthia Drury*, mais
« présente une bande rosée oblique sur les élytres, qui
« n'est pas dentée sur le côté des ailes inférieures [1]. »

[1] *Études entomologiques*, par M. de Motschulsky. Helsingfors, 1858, p. 163.

L'AILANTE

ET

SON BOMBYX

CHAPITRE PREMIER

DE L'AILANTE

L'arbre, auquel l'importation du nouveau ver à soie donne en ce moment une si haute importance, est de seconde grandeur. L'élégance de son port, la rapidité de sa croissance, en ont fait de nos jours un des végétaux les plus recherchés, pour la décoration des jardins paysagers.

Considéré longtemps, mais à tort, comme l'essence dont les Japonais tirent leur magnifique vernis, il est plus connu sous la dénomination impropre de vernis du Japon, que sous le nom d'ailante (ailanto ou arbre du ciel) que lui donnent les Orientaux, à cause de la vigueur avec laquelle il développe sa branche principale.

Son introduction en Europe est encore l'œuvre du vénérable missionnaire, dont nous tenons de si précieux détails sur les vers qu'il nourrit.

C'est en 1751 que la Société royale de Londres reçoit du Père d'Incarville un envoi de graines de différentes espèces, parmi lesquelles se trouve celle de l'ailante. La forme de leurs feuilles fait prendre les premiers plants qui en sortent, pour des espèces nouvelles du genre sumac. La graine du *Rhus vernix* figurant d'ailleurs sur la liste adressée par le donateur, on n'hésite pas à attribuer ce nom aux jeunes tiges, qui paraissent se rapprocher le plus du genre annoncé.

Ce n'est que plus tard, lorsque la nouvelle conquête est introduite au Jardin des Plantes de Paris, que Desfontaines, ayant étudié sa floraison, reconnaît l'erreur, et lui rend son véritable nom.

Plusieurs auteurs font remonter cette confusion des deux genres jusqu'au Père d'Incarville lui-même. Mais il paraît difficile d'admettre, qu'après avoir si bien observé les mœurs du Bombyx de l'ailante, après avoir lui-même rectifié, d'après la floraison, une première erreur commise en classant cet arbre dans la famille des frênes, il en ait envoyé la graine, sans indiquer la propriété la plus précieuse de l'espèce qui devait en sortir.

N'est-il pas plus naturel de penser que la longue traversée, qu'avaient alors à supporter les produits chinois pour arriver en Europe, ait pu détruire les facultés germinatives d'un certain nombre de graines, et par suite amener quelque confusion dans la nomenclature de celles qui avaient fait le voyage sans altération.

§ 1er. — **Caractères botaniques**.

L'ailante est un arbre dont l'aspect a quelque rapport avec celui du noyer. Il appartient, dans la classification d'Adrien de Jussieu, à la famille des Zanthoxylées.

Sa tige est droite, son écorce grise et unie ; ses jeunes rameaux contiennent une grande quantité de moelle, mais qui se transforme promptement en un bois d'une grande dureté. Ses racines sont jaunâtres, à la fois pivotantes et traçantes. Elles s'étendent facilement, et forment de nombreux drageons.

Ses feuilles sont alternes et pennées. Elles portent de 11 à 12 paires de folioles, auxquelles vient s'ajouter une impaire. A la base des folioles, et de chaque côté, se trouve une dent terminée par une petite glande sensible sous le doigt, qui fait donner à l'espèce le nom d'*Ailantus glandulosa*.

La fleur se présente vers le mois d'août en panicule terminale. Le calice est court et à cinq lobes ovales égaux. Les pétales sont également au nombre de cinq insérés sous un disque hypogyne ; ils sont un peu plus longs que le calice. La fleur est mâle ou femelle, quelquefois hermaphrodite. Cependant les sujets les plus communs sont dioïques, c'est-à-dire ne portent que des fleurs du même sexe, mâles ou femelles. Les fleurs mâles montrent 10 étamines, dont cinq opposées aux pétales sont un peu plus courtes que les autres. On en voit à peine deux ou trois dans les fleurs hermaphrodites, et elles sont complétement nulles dans les femelles.

L'ovaire, sessile, est comprimé ; on en compte de deux à

cinq. Le fruit est une samare à ailes allongées; gonflée dans le milieu, elle ne contient qu'une seule graine sans albumen, de la forme et de la dimension d'une lentille. Nous avons eu la preuve qu'elle conserve ses facultés germinatives pendant plusieurs années, à la condition seulement d'être resserrée dans un lieu sec.

La feuille, lorsqu'on la froisse, laisse aux doigts une odeur désagréable sécrétée par la petite glande dont nous avons parlé. Du pollen des étamines se dégagent également des émanations fortes que redoutent beaucoup certaines personnes, et qui ont donné lieu, sous ce rapport, à des exagérations fort inexactes, et à des préjugés fàcheux pour la propagation de cet arbre.

Ces émanations n'ont lieu qu'au moment de la dispersion du pollen, et ne durent par conséquent que fort peu de temps. Elles ne se produisent que sur les individus portant des fleurs mâles, et nous pouvons ajouter qu'elles ne se feront jamais sentir dans les exploitations séricicoles : les plantations destinées à cet usage sont recepées tous les ans, et ne portent jamais de fleurs.

§ 2. — **Sol et climat.**

L'ailante réussit à merveille sous le climat de Paris et s'arrange parfaitement d'un terrain sec et léger. C'est un des arbres qui supportent le mieux la sécheresse. On a vu, dans l'été si brûlant de 1865, les ailantes des boulevards de Paris conserver toute leur fraîcheur, tandis que les ormes, les marronniers, les sycomores et autres arbres indigènes, étaient littéralement rôtis par le soleil

Les sols frais, et même humides, ne nuisent pas non plus à la végétation de l'ailante, s'ils ne sont pas d'une nature trop compacte. Le développement rapide des racines de cette essence exige un terrain facile à traverser, et c'est là sans doute ce qui explique les mauvais résultats, dont on voit des exemples dans des sols très-argileux.

Quelques personnes ont cru pouvoir utiliser l'ailante au reboisement des plus mauvaises parties de la Champagne. Des essais ont été tentés à plusieurs reprises et jusqu'ici sans succès. Nous avons visité ces plantations qui, nous devons le dire, n'ont pas été dirigées avec l'expérience que nous avons aujourd'hui. Mais la question vaut la peine d'être mûrement étudiée. Un terrain placé près du camp de Châlons, et préparé suivant nos instructions, vient d'être planté sous nos yeux, et avec toutes les précautions nécessaires. Nous en surveillerons l'entretien et nous saurons bientôt à quoi nous en tenir sur ce point. Un fait, qui serait de nature à nous inspirer quelque confiance dans ce nouvel essai, c'est que plusieurs propriétaires de Mourmelon possèdent dans leurs jardins des sujets de quatre à cinq ans, qui ne laissent rien à désirer sous le rapport de la vigueur.

Le sol du parc de Flamboin, dans lequel se trouvent nos plantations, paraît être favorable à ce genre de culture. Il donne à l'analyse chimique les résultats suivants[1].

La terre se compose de :

1° Terre divisée et meuble............	90,5
2° Cailloux siliceux, argileux et calcaires.	9,5
Total......	100 »

Nous devons cette analyse à l'obligeance de M. Duchâtaux, président

Composition de chacune des parties :
1° Terre divisée et meuble.

Eau...................	4,40
Calcaire................	55,95
Argile ferrugineuse........	9,95
Sable ferrugineux.........	22,45
Matières organiques........	6,65
Perte..................	0,60
Total.......	100 »

2° Cailloux siliceux, etc.

Eau	0,556
Fragments de silex........	4,827
Sable ferrugineux.........	0,715
Argile ferrugineuse.......	4,548
Calcaire................	88,740
Matières organiques......	0,594
Perte.................	0,020
Total.......	100 »

D'où l'on déduit pour la composition de la terre mélangée avec les cailloux.

Eau	4,035
Calcaire................	59,065
Argile ferrugineuse.......	9,424
Sable ferrugineux.........	20,385
Silex..................	0,459
Matières organiques......	6,074
Perte	0,558
Total.....	100 »

du comice agricole de l'arrondissement de Reims, qui a bien voulu la confier aux soins de M. Maridort, professeur de chimie industrielle de cette ville.

En nombre ronds sur 1,000.

Eau.......................	40
Calcaire...................	590
Argile ferrugineuse..........	94
Sable ferrugineux...........	204
Silex.....................	5
Matières organiques.........	61
Perte.....................	6
Total........	1,000

Azote déterminé à part 0,26 p. 100.

Absence de phosphates.

Le sous-sol est entièrement composé, comme dans la majeure partie de la vallée de la Seine, d'un gros sable de rivière qui constituait sans doute le lit du fleuve à des époques antérieures, où sa largeur n'était pas réduite aux proportions actuelles. Ce sous-sol absorbe rapidement les eaux pluviales, et ne laisse jamais à la couche supérieure de terre arable cet excès d'humidité parfois si nuisible à la végétation.

Cependant si l'ailante pousse avec vigueur, et ne se montre pas trop difficile sur le climat et la nature du terrain, il n'en exige pas moins, pendant sa jeunesse, des soins que ne demandent pas la plupart de nos arbres indigènes, et sans lesquels sa végétation reste pour ainsi dire nulle.

Il n'est pas une essence qui souffre plus que celle-ci du voisinage des chiendents et autres herbages, dont les racines fibreuses arrêtent son développement. De fréquents binages lui sont indispensables pendant les premières années, et le recepage dans une certaine mesure lui est également nécessaire, s'il est transplanté avant d'atteindre une certaine hauteur.

Dans la plupart des plantations d'ailantes faites depuis quelques années, en vue de la sériciculture, ces soins ont été complétement négligés, et peut-être accuse-t-on la nature du sol d'un insuccès qui n'est, dans bien des cas, que le fruit de l'inexpérience. Nos lecteurs en trouveront dans l'exemple suivant, une preuve bien remarquable.

Au mois de novembre 1863, nous avions fait planter, dans une longue avenue, deux lignes de fort beaux sujets de deux ans. Ces plants n'avaient pas moins de trois à quatre mètres de hauteur.

L'avenue étant fréquentée par le troupeau de la ferme, nous n'avions pas cru devoir faire receper nos arbres. Car si les moutons rejettent avec dégoût les feuilles qu'ils ont enlevées, ils résistent rarement au plaisir de donner, au passage, un coup de dent aux jeunes pousses lorsqu'ils peuvent y atteindre.

Pendant l'été de 1864, nos plants avaient à peine développé quelques feuilles au sommet de leur tige. Nous attendions, avec impatience la saison suivante, espérant que, les racines ayant pris possession du sol pendant la première année, nous aurions alors une végétation plus active. Il n'en fut rien, nos arbres montrèrent encore le même petit bouquet de feuilles, et leur croissance fut à peu près nulle. Ils sont aujourd'hui remplacés par des peupliers, et reportés sur un terrain consacré à la sériciculture

Cet insuccès ne peut-être attribué à la qualité du plant ; car des sujets provenant du même semis, moins forts et placés au printemps suivant dans une plate-bande où ils pouvaient être recepés, donnèrent dès la première année les plus beaux résultats et sont aujourd'hui de véritables arbres. La qualité du sol ne peut pas davantage être mise en question; car l'avenue traverse des terres de première classe, et la végétation des ailantes qui s'y sont trouvés n'y a pas été plus brillante qu'ailleurs.

Il y a donc une autre cause que nous croyons pouvoir expliquer ainsi :

Le phénomène de la végétation se produit tous les ans, du printemps à l'automne, par la circulation de la séve, fluide qui remplit, dans l'organisme végétal, à peu près les mêmes fonctions que le sang dans le corps des animaux. Sécrétée par les racines, dont le rôle est d'absorber et de transformer les sucs nourriciers qu'elles puisent dans le sol, la séve monte par le canal médullaire, pour se répandre de là dans toutes les ramifications du végétal.

Après y avoir développé les bourgeons, les fleurs et les feuilles, elle se transforme à son tour, au contact de l'air, en une substance nommée cambium, qui va bientôt servir à la nourriture des fruits et au prolongement des racines.

Cette nouvelle substance, en effet, ne tarde pas à remplir sa mission, en descendant par cette mince couche verte qu'on trouve entre l'écorce et la couche ligneuse, et que les botanistes distinguent sous le nom de liber.

Pendant tout le temps que dure la végétation, ce mouvement de la séve et du cambium est incessant et indispensable à la vie de l'arbre ; aussi voit-on fréquemment dans les bois périr de jeunes plants rongés par le gibier. Lorsqu'à l'époque des frimas, la terre couverte de neige ne leur laisse guère d'autres ressources, les lapins et les lièvres se jettent sur le liber des jeunes pousses, qu'ils enlèvent circulairement jusqu'à la hauteur qu'ils peuvent atteindre. Au printemps, les arbres mutilés développent leurs feuilles, mais le passage du cambium est intercepté, les racines ne sont plus alimentées par la séve descendante; tout se dessèche et meurt dans le cours de l'été.

On voit par là l'importance du liber dans la végétation, et c'est précisément, dans les jeunes ailantes, l'organe le plus sensible aux atteintes du froid.

L'ailante pousse dans les premières années avec une telle vigueur, qu'une partie de l'écorce n'a point encore acquis, à la chute des feuilles, assez de consistance pour protéger le liber contre les gelées de nos climats. Si donc l'hiver est rigoureux, la tige s'en ressent; mais le froid ne produit complétement son effet que dans la partie supérieure. Si l'on coupe cette tige par petits tronçons de 4 à 5 centimètres, on remarque que cet effet est d'autant moins sensible qu'on s'approche de la base, et qu'il cesse entièrement à quelque distance du collet.

Au retour de la végétation, les parties atteintes partiellement n'empêchent pas la séve de monter par le canal médullaire;. la tige se gonfle sous l'action du fluide, et le liber se fend sur tous les points malades, qui ne peuvent se dilater.

Les premiers bourgeons se développent; mais la séve descendante, contrariée dans sa marche par les oblitérations du liber, absorbée çà et là dans les bourrelets des crevasses, ne parvient aux racines qu'après avoir perdu le meilleur de ses forces. Suffisante encore pour entretenir la vie du végétal, elle n'a plus assez d'action pour en pousser le développement, et reformer les radicelles détruites par la transplantation.

On évite donc cet écueil en recepant les jeunes tiges au moment de la mise en terre. En coupant le plant à quelques centimètres au dessus du collet de la racine, on rapproche celle-ci des bourgeons supérieurs; le mouvement de la séve se fait plus rapidement et l'on voit l'année même des rejets vigoureux. Si pendant les quatre années qui suivent, on retranche au printemps la partie touchée par la gelée et qu'on ne laisse développer que le bourgeon terminal, les sujets qu'on obtient sont aussi droits que des pins. Ils sont alors d'une grande valeur, soit comme arbres d'ornement, soit comme arbres forestiers.

§ 3. — **Qualités et usage du bois d'ailante.**

Puisque nous venons de parler des soins à donner à l'ailante pour le reboisement, il ne sera pas inutile de dire, en passant, quelques mots sur la valeur de son bois.

Il est généralement admis par tous les sylviculteurs que les essences qui croissent rapidement ne donnent que des produits légers et sans grande consistance. L'ailante semble faire exception à la règle.

M. Guérin Méneville, dans sa Revue de Sériciculture, rend compte d'une expérience des plus intéressantes faite par M. Raoulx, ingénieur des ponts et chaussées, chargé des travaux hydrauliques du port de Toulon.

M. Raoulx, en soumettant des bois d'ailante à toutes les expériences par lesquelles on éprouve ordinairement les autres bois, a obtenu comparativement à l'orme et au chêne les résultats suivants :

	Densité.	Ténacité.	Flexibilité.
Ailante 3 exp. moyennes.	0.713	32,812	0,033
Orme 7 » »	0,604	24,867	0,023
Chêne 10 » »	0,751	19,743	0,027

Ainsi, d'après ces chiffres, l'ailante se placerait entre le chêne et l'orme pour la densité ou poids spécifique. Il dépasserait de beaucoup ces deux belles essences pour la ténacité et la flexibilité[1].

Quoi qu'il en soit, cet arbre est encore d'introduction trop récente en Europe, pour que nous puissions avoir des données bien positives sur l'emploi qu'il convient de lui assigner.

M. Dupuis, ancien professeur de botanique et de sylviculture à Grignon, affirme que, dans le midi de la France, ce bois est estimé pour le charronnage à l'égal de l'orme et du chêne[2]. Il est bon néanmoins de le conserver dans l'eau pendant quelques mois aussitôt après son desciage et de ne l'employer ensuite qu'après l'avoir convenablement séché. En négligeant ces précautions, on l'expose à se contourner; mais si l'on en tient compte, on obtient un bois qui se prête d'autant mieux aux travaux d'ébénisterie les plus délicats qu'il est d'un grain très-fin et se polit admirablement. D'un blanc jaunâtre et largement veiné, il peut être utilisé comme l'érable dans les meubles les plus élégants.

Les qualités constatées par M. Raoulx, et qui sont celles que demande spécialement la charpente, le rendront sans

---

[1] Le chiffre représentant la ténacité exprime le poids nécessaire, par centimètre carré de la section transversale, pour faire rompre le bois soumis à l'expérience. Le chiffre de la flexibilité donne la longueur de la flèche immédiatement avant la rupture.

[2] Bulletin de la Société d'acclimatation, octobre 1862, page 887.

nul doute aussi précieux pour cet emploi qu'aucune de
nos meilleures essences, dès qu'il sera plus abondant
dans nos forêts.

Comme bois de chauffage ses qualités sont plus connues. Il n'est pas de bois qui brûle mieux, même sans
être très-sec. Il est sous ce rapport d'une excellente
ressource, pour animer un foyer, sous la forme de ces petites bourrées que nous fournissent chaque année les
recepages des plantations séricicoles.

Il n'est donc pas douteux qu'on ne puisse, en cas d'insuccès en sériciculture, tirer parti de ces plantations en
les conservant à l'état de taillis. Nous invoquerons encore
ici l'autorité de M. Dupuis, qui pense que des massifs
d'ailantes, de cinq à six ans, peuvent présenter le même
volume et donner la même quantité de bois de chauffage,
qu'un taillis de chênes d'égale étendue, âgé de dix-huit à
vingt ans.

Pour une exploitation de cette nature, l'ailante possède
surtout une qualité bien précieuse dans la facilité avec
laquelle il drageonne et se reproduit naturellement par
les rejets de ses racines. Un taillis d'ailantes se repeuple-
rait ainsi naturellement à chaque coupe, sans qu'on eût à
se préoccuper de l'âge des souches.

§ 4. — **Reproduction.**

La reproduction de l'ailante peut se faire de plusieurs
manières. La plus ordinaire est le semis. C'est d'ailleurs
le mode le plus simple, et la graine étant devenue moins

rare depuis qu'on en connaît le mérite, c'est aussi le moyen le plus économique.

Les semis ne doivent pas être faits trop prématurément. Nous avons au contraire remarqué qu'il y avait avantage à les retarder, les germes étant très-sensibles aux gelées blanches du printemps. En 1865, nos semis n'ont été faits que le 7 mai, et malgré la sécheresse exceptionnelle de la saison, ils ont si bien réussi, qu'à l'automne nous avions des tiges de 128 centimètres de haut et de force proportionnelle. L'époque la plus convenable nous paraît être, pour le climat de Paris, du 25 avril au 5 mai.

On choisit un sol léger, qu'on a pris soin de faire à l'avance défoncer à 40 centimètres en y mélangeant une demi-fumure. Le terrain étant ensuite convenablement ameubli et nivelé, on trace au moyen d'un bâton des lignes que l'on espace à 40 centimètres les unes des autres. La graine est déposée dans les petites rigoles formées par le passage du bâton.

Si l'on veut obtenir des plants un peu forts, ce qui est toujours d'ailleurs un avantage, il est essentiel de ne pas trop prodiguer la semence, car peu de graines manquent à l'appel, et les jeunes plants doivent être à 3 ou 4 centimètres au moins les uns des autres. On recouvre alors le semis de 1 à 2 centimètres de terre, puis on le garantit contre les ardeurs du soleil au moyen d'un léger paillis de fumier court.

Le sol doit être tenu pendant toute la saison avec la plus grande propreté ; mais on est largement dédommagé de ses soins par la riche végétation qu'on obtient. La graine, toutefois, est longtemps à lever, et ce n'est guère qu'au mois d'août que son développement commence à

devenir sensible. Mais à partir de cette époque, la croissance en est si rapide, que la tige s'élève parfois de 1 à 2
centimètres par jour.

Au printemps suivant, le jeune plant destiné à l'élevage
des vers à soie peut être levé et mis en place; mais on ne
doit pas négliger de le rabattre, comme nous l'avons dit
plus haut, jusqu'à 2 ou 3 centimètres au-dessus du collet
de la racine.

Si l'on veut obtenir des sujets de haute tige, il convient
de les repiquer en pépinière, et de les espacer à 60 ou 80
centimètres les uns des autres, puis on les dirige comme
nous l'avons indiqué page 11.

L'ailante peut encore se reproduire au moyen de bou
tures de racines. En coupant des fragments de racines en
tronçons de 15 à 20 centimètres de longueur et en les
plantant de manière à laisser le gros bout au jour, on obtient facilement un bourgeon qui se développe avec la
même rapidité que le germe du fruit.

Un troisième mode de propagation est très-fréquem-
ment employé par les personnes qui déjà possèdent des
plantations d'ailante, c'est la transplantation des drageons.
Quelles que soient les précautions prises en procédant au
binage, il est impossible que les outils employés ne portent sur quelques racines courant à la surface du sol.
Chaque blessure ainsi faite détermine la naissance d'un
nouveau bourgeon. Ces rejetons, d'autant plus nombreux
que la souche est plus forte, peuvent être sans inconvénient détachés du pied mère, avec un fragment de la racine dont ils sont sortis; ils sont alors transplantés, soit
en pépinière, soit en place. Ils sont utiles surtout pour les
remplacements dans les nouvelles plantations, parce

qu'ils sont généralement plus forts que les semis de l'année. C'est ainsi que depuis trois ans nous les utilisons à Flamboin.

Quelques personnes ont encore tenté sur l'ailante le bouturage en plançons tel qu'il se pratique sur plusieurs essence de bois blancs, et disent y avoir réussi. Quelques expériences que nous avons faites nous-même, sont restées sans résultat. Il est vrai de dire que les avantages, que présentent les autres modes de reproduction, nous ont fait un peu négliger les soins que nous aurions pu donner à celui-ci. Il mérite cependant d'être plus sérieusement étudié, et nous n'y manquerons pas cette année.

§ 5. — **Plantation**.

Nous avons dit, en parlant des caractères généraux de l'ailante, que sa racine est à la fois pivotante et traçante; nous devons ajouter qu'elle est d'un tissu lâche et mou et ne se développe avec vigueur que dans un terrain léger ou convenablement ameubli. La préparation du sol est donc une des opérations les plus importantes de la plantation.

Le labour le plus profond sera toujours le meilleur, et s'il peut être répété plusieurs fois à quelque temps d'intervalle, son effet n'en sera que plus certain. Pour des plantations d'ornement, ce n'est pas trop faire que de préparer des trous d'un mètre cube.

Les terrains qui sont destinés à l'éducation des vers à soie, devront être labourés en novembre ou décembre, à

25 ou 30 centimètres de profondeur. Vers la fin de mars
ou dans les premiers jours d'avril, un second labour est
suivi d'un hersage qui, tout en ameublissant le sol, le dé-
barrasse des chiendents et autres herbes parasites. Il ne
reste plus alors qu'à niveler au moyen d'un rouleau aussi
pesant que possible.

Ces quatre opérations terminées, on peut procéder à
la plantation qui doit se faire du 15 au 30 avril.

§ 6. — Disposition des plants.

La disposition des plants pour une exploitation séricicole est une question sur laquelle les idées des praticiens
sont encore divisées.

M. Guérin-Méneville dans un petit traité publié en
1860 [1], conseillait de placer les arbres en ligne à un mètre
les uns des autres, et de réserver, entre chaque rangée
d'ailantes, un espace de deux mètres pour le service des
vers.

Il espérait ainsi former en peu de temps de véritables
haies dont les branches entrelacées permettraient aux chenilles le passage d'une touffe à l'autre, sans le secours de
l'homme; on n'aurait plus dès lors la crainte d'en trop
charger le même pied. Ce système appliqué dans notre
première plantation, n'a pas rempli complétement son
but; soit inexpérience dans l'opération, soit différence
de qualité dans les sujets employés, tous n'ont pas à beaucoup près montré la même vigueur. La communication,

---

[1] *Education des vers à soie de l'ailante et du ricin*, par M. Guérin-Méneville. Paris, 1860, page 49.

souvent interrompue par une végétation moins active, ne nous a pas donné ce qu'on en attendait.

M. le docteur Forgemol, à qui la nouvelle sériciculture doit de précieuses recherches sur les procédés de dévidage, évite cet inconvénient en composant sa haie de trois lignes au lieu d'une, et en resserrant ses plants à 40 centimètres les uns des autres. Il ménage, comme M. Guérin-Méneville, l'espace de 2 mètres entre chacun de ses massifs [1]. L'avantage de cette disposition est facile à saisir ; si la circulation de l'air n'est pas, comme nous le pensons, un élément indispensable à l'éducation de nos vers, la triple haie de M. Forgemol sera certainement très-favorable à la petite culture.

Mais sur de grands terrains, cette disposition aura toujours un défaut capital, c'est la difficulté qu'elle présente pour l'entretien du sol. Nous avons dit, page 7, combien le binage était utile au développement des jeunes arbres. Nous verrons bientôt qu'il n'est pas moins favorable à la conservation des jeunes vers. Cette nécessité de retourner le sol à l'automne et au printemps, et de le remuer presqu'incessamment pendant tout le cours de la végétation, doit donc entrer en ligne de compte dans une plantation d'une certaine étendue, où le travail exclusif des bras pourrait absorber le revenu qu'on peut raisonnablement en attendre.

Nous avons d'ailleurs aujourd'hui des moyens pratiques d'apprécier ce qu'une touffe d'ailante peut nourrir de vers, et nous savons, par expérience, que les haies épaisses sont moins bonnes pour ces derniers, qu'on ne l'avait pensé tout d'abord.

[1] *Revue de Sériciculture comparée*, 1864, page 241.

DISPOSITION DES PLANTS

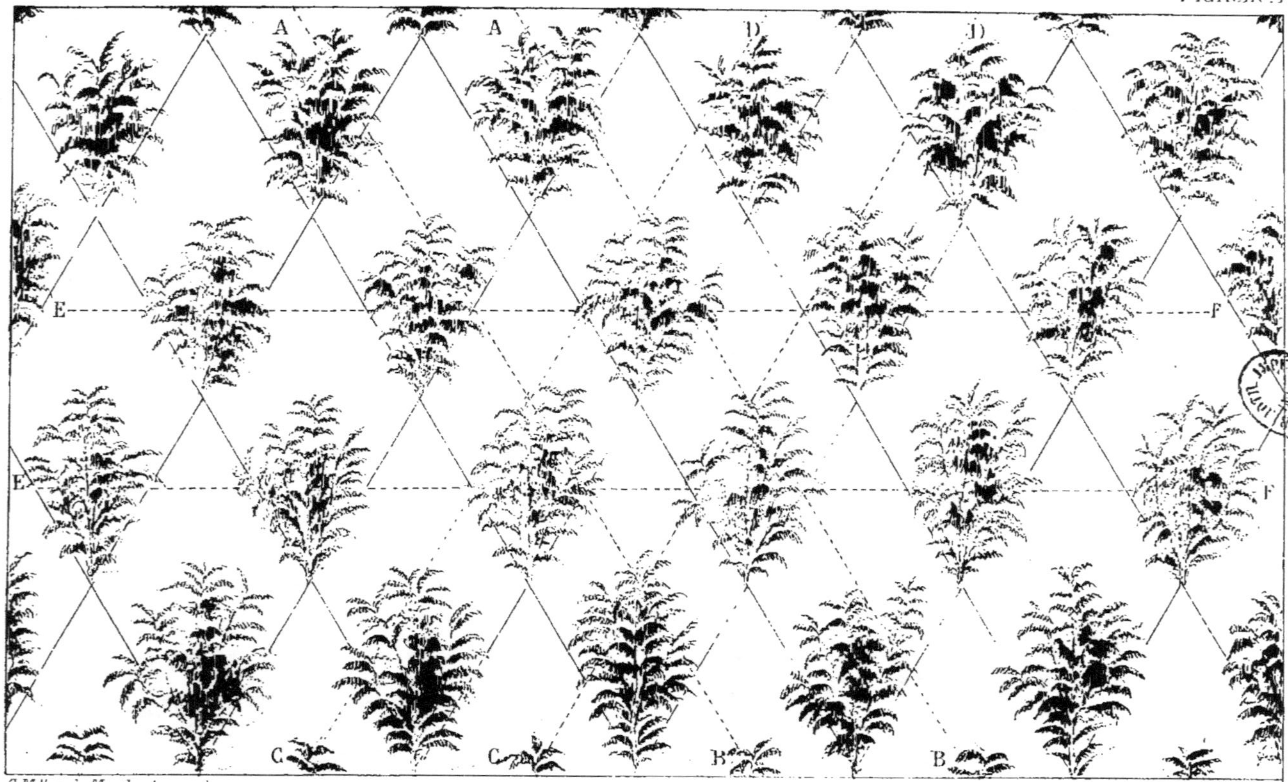

Ces diverses considérations nous ont fait abandonner, après expérimentation, les deux systèmes que nous venons d'exposer, pour adopter la plantation en buissons séparés que nous disposons en triangles équilatéraux de 1^m.50 de côté. La planche I donne un spécimen de cette disposition. Nos touffes, se trouvant placées à 1^m.50 les unes des autres en tous sens, nous laissent deux bandes diagonales AB, CD et une troisième bande transversale EF, d'une largeur de 1^m.30 bien suffisante pour le passage d'une charrue ou d'une houe à cheval.

Cet arrangement en triangles équilatéraux présente encore d'autres avantages. Nous devons chercher avant tout, dans une exploitation séricicole, le moyen de produire la plus grande somme de feuilles possible sur un terrain donné. Dans tous les végétaux, la production en feuilles est en raison directe de l'extension des racines. Les racines de l'ailante qui tracent avec tant de facilité se développent nécessairement en proportion de la place qu'elles trouvent autour de leur pivot. Or nos touffes jouissent, chacune et sans partage, d'un hexagone circonscrit à un cercle dont le diamètre est de 1^m.50, c'est-à-dire d'une surface équivalente à près de 2 mètres carrés [1]. En examinant la figure 2 planche XIV, on voit que l'arbre

[1] Le côté K de cet hexagone est donné par la formule :

$$ K = \frac{2 \text{ cot. } 60^\circ \times 1/2\ d}{R} = \frac{2 \times 5{,}773{,}503 \times 0.75}{10} = 0{,}8660 $$

et la surface S par la formule :

$$ S = \frac{K n \times 1/2\ d}{2} = \frac{0{,}8660 \times 6 \times 0{,}75}{2} = 1^m.9485 \text{ carrés} $$

soit donc à peu près 2 mètres carrés.

Dans ces formules d représente le diamètre du cercle ou l'écartement des plantes, R le rayon des tables trigonométriques, et n le nombre des côtés de l'hexagone.

planté en O jouit évidemment, sans nuire à ses voisins, de tout l'espace compris dans l'intérieur de l'hexagone dont le côté est K. Chaque plante peut donc dans ces conditions étendre également ses racines en tous sens autour de son pivot, et donner toute la végétation qu'on peut attendre du sol qui lui est affecté. Tous reçoivent, en outre, la même proportion d'air, de lumière et de chaleur, éléments dont l'expérience nous a fait apprécier la valeur pour l'éducation du Bombyx Cynthia.

Disons encore, à l'appui de ce système, que les Chinois, dont le suffrage doit bien être considéré comme quelque chose en matière de sériciculture, l'ont eux-mêmes adopté.

Ainsi nous lisons dans un rapport publié par la Commission scientifique russe de Pékin, qui donne des détails sur la manière dont on procède en Chine aux plantations d'ailantes[1] :

« Le terrain doit être labouré deux fois au mois d'oc-
« tobre, sur une profondeur de 0ᵐ.12, à la distance
« de quinze jours entre les deux labours. Il doit être
« ensuite hersé et nivelé, mais sans fumure. Vers le
« 10 novembre, on forme, à l'aide d'un marqueur, *des*
« *lignes croisées pour semer les graines sur les points de*
« *leurs croisements. Chaque touffe doit occuper cinq pieds*
« *carrés.* On sème dans chaque trou trois ou quatre grai-
« nes qu'on recouvre d'une poignée de terre, puis on
« passe dessus un rouleau en pierre. Lorsqu'en avril sui-
« vant, on remarque des places vides, on y ressème des
« graines. En automne, toute la plantation est coupée ras

----

[1] *Journal d'Agriculture pratique*, 1862, 2ᵉ semestre, page 157.

« près de terre. La seconde année, la plantation devient
« buissonnière et n'est plus coupée. Dès la troisième
« année commence l'éducation du ver à soie ; mais en
« automne, on abat tous les arbres, ce qui se répète
« chaque année. La plantation doit être entretenue par
« des binages et peut durer cinquante ans. Les fagots de
« l'ailante, employés comme combustible, se vendent sur
« place à raison de 10 centimes les 38 kilogrammes. »

La lecture de ce passage nous a donné l'idée de suivre
ces instructions à la lettre. Nous avons donc essayé le
semis sur place, d'abord à l'automne en 1862, puis au
printemps en 1863, et nous n'avons pas mieux réussi la
seconde fois que la première. C'est à peine si quelques
germes ont paru, et la sécheresse les a détruits en peu de
jours. Nous avions d'abord attribué cet échec à la chaleur
exceptionnelle de la saison ; mais nous avons pensé plus
tard, qu'il pouvait bien ne provenir que du défaut d'entretien du sol, que nous pensions ne devoir biner, que lorsque
nos plants auraient assez de force pour être distingués
facilement. Nous avons, en effet, renouvelé l'expérience eu
1865, et la température de cette dernière année ne nous
plaçait certainement pas dans des conditions plus favorables. Une partie du semis a été minutieusement entretenue, et a parfaitement réussi ; l'autre, moins soignée,
n'a donné que des résultats insignifiants.

Le semis sur place est donc praticable, mais il exige
des soins si délicats pendant les trois premiers mois, que
ce travail n'est naturellement pas compensé par l'avantage d'éviter une transplantation. Aussi vaut-il mieux,
suivant nous, semer en pépinière et ne mettre en place
qu'au printemps suivant.

Nous n'avons pas trop compris la raison qui fait renoncer au recepage pour la seconde année ; aussi croyonsnous voir dans ce passage une erreur de traduction. Nous en avons plusieurs fois fait l'épreuve, et toujours nous avons reconnu que la touffe devient d'autant plus buissonnière, que le recepage lui donne plus de rameaux. Il y a donc avantage à receper sans interruption.

CHAPITRE II

DESCRIPTION DU VER A SOIE DE L'AILANTE

ET DE SON PAPILLON.

L'insecte qui vit sur l'ailante appartient, comme tous les vers à soie, à la famille des bombycides, que l'on distingue par le nombre des pattes de la chenille, et par l'atrophie presque complète des pièces buccales et de l'appareil digestif chez l'insecte parfait, qui ne prend pas d'aliments. Plusieurs entomologistes s'en sont occupés dans le siècle dernier; mais c'est le Père d'Incarville qui, comme nous l'avons dit dans l'introduction, paraît l'avoir signalé le premier.

En 1765, Daubenton lo jeune donne une figure assez exacte du papillon dans son ouvrage intitulé : *Planches d'histoire naturelle*. Il l'appelle le Croissant, à cause de la forme des lunules qu'on remarque sur ses ailes.

En 1773, l'Anglais Drury lui impose le nom de Bombyx

4

Cynthia, que justifie sa qualité de papillon nocturne[1], et que lui conservent les entomologistes modernes.

Plusieurs autres auteurs le décrivent également ; mais il n'en est pas un seul qui se préoccupe d'autre chose que de l'insecte parfait. Aucun d'eux, nous dit M. Guérin-Méneville dans le petit traité dont nous avons déjà parlé, n'a connu ni son cocon, ni sa chenille, ni le végétal dont celle-ci se nourrit.

En signalant, en 1804, cette autre espèce de Bombyx élevée dans l'Inde sur le Ricin, le botaniste anglais Roxburg confond cette dernière avec le Cynthia dont elle est d'ailleurs très-voisine. Cette erreur se propage sans contrôle jusqu'en 1858. Ce n'est qu'à cette époque que M. Guérin-Méneville peut, grâce au précieux envoi du Père Fantoni, distinguer et établir d'une manière positive les caractères distinctifs des deux races, caractères dont nous n'avons pas à nous occuper ici. On en trouvera la description complète dans les œuvres du savant entomologiste.

Il nous suffira de rappeler à nos lecteurs que le Bombyx Arrindia qui vit sur le Ricin, se reproduit normalement huit à dix fois par an, et ne peut exister que sous un climat où la végétation ne se repose jamais, tandis que le Cynthia, qui ne se reproduit qu'une ou deux fois au plus, est, au contraire, un insecte des régions tempérées. Le premier vit au Bengale, le second ne se trouve que dans le nord de la Chine.

---

[1] Le nom de Cynthia est un de ceux que les poëtes donnaient à Diane déesse de la Nuit, née dans l'île Cynthie ou île de Délos.

Planche II

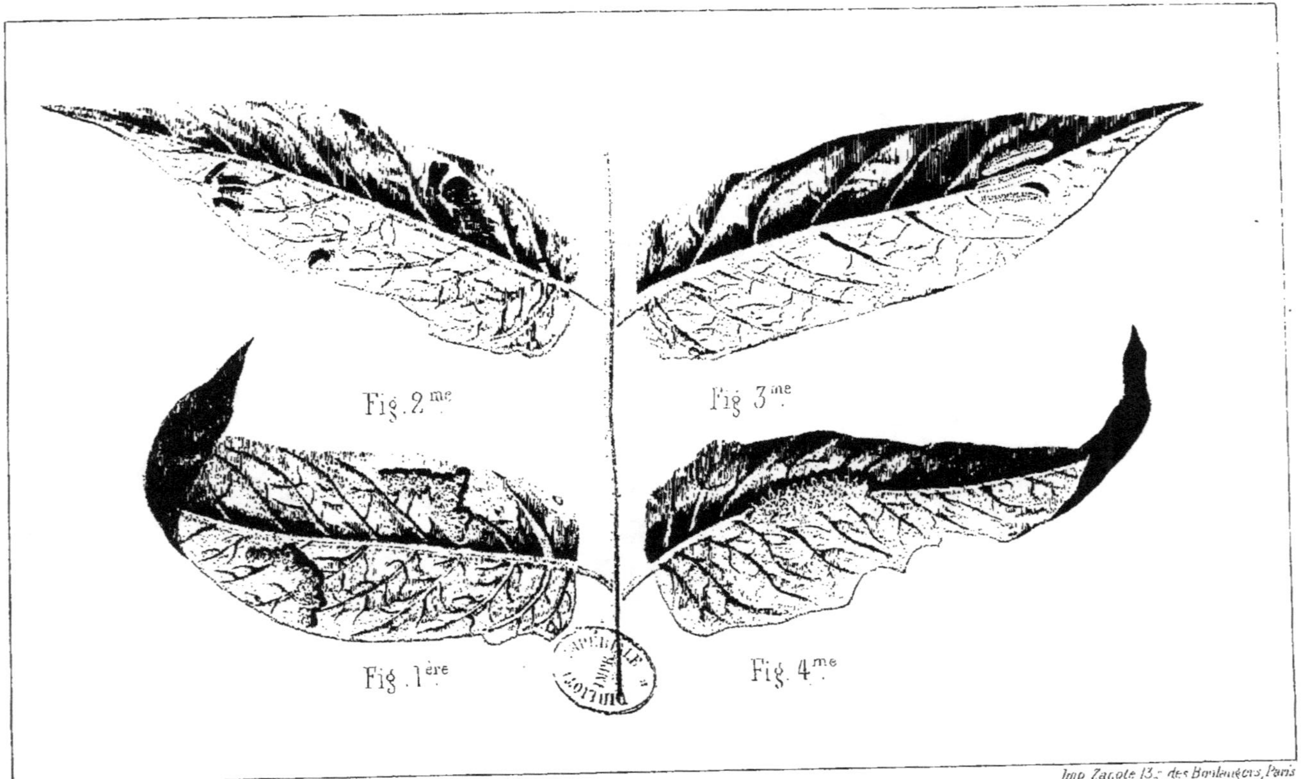

C. Millon de Montherlant del.

Imp. Zarote 13 r. des Boulangers, Paris

ŒUFS, VERS DU 1re DU 2me ET DU 3me AGE

ŒUFS, VERS DU 1re DU 2me ET DU 3me AGE

§ 1er. — Œufs et chenilles.

Les œufs du véritable Bombyx Cynthia ont en petit la forme d'un œuf d'oiseau ; ils sont oblongs, de couleur blanche, mais enduits d'une matière gommeuse qui leur donne quelques taches noires. Leurs dimensions sont assez variables. La figure 1re, planche II, représente la grosseur moyenne de ces graines et la disposition dans laquelle on les trouve à l'état sauvage.

D'après des calculs établis par M. Guérin-Méneville[1], un œuf pèse en moyenne 2 milligrammes, c'est-à-dire qu'un gramme contient environ 500 œufs. Plusieurs pesées m'ont à peu près donné le même résultat, puisque la moyenne de ces expériences était de 1,009 œufs pour 2 grammes.

La chenille ou larve du Bombyx Cynthia est une chenille à 16 pattes. Son corps, comme celui de tous les invertébrés de ce genre, se compose de 12 anneaux.

Les trois premiers portent les six pattes antérieures, que les entomologistes appellent pattes écailleuses, et dan l'intérieur desquelles se trouvent celles qui devront plus tard servir au papillon. Ces pattes écailleuses sont chacune munie d'un fort crochet.

Le quatrième et le cinquième anneau ne portent rien ; mais aux quatre suivants sont attachées les pattes dites membraneuses, armées chacune de 45 petits

[1] *Éducation du ver à soie de l'ailante et du Ricin*, par M. Guérin Méneville, page 10, Paris, 1860.

crochets, disposés en quinconce sur deux lignes légèrement cintrées.

Le 10me et le 11me anneau sont encore nus comme le
4me et le 5me, mais le 12me, d'une forme particulière et
divisé en trois faces triangulaires, couvre l'anus et porte
les deux pattes, dites postérieures également armées comme
les pattes intermédiaires de deux rangées de crochets.

Le nombre et la disposition merveilleuse de ces crochets,
dont l'ensemble constitue de véritables griffes, explique
comment l'insecte peut supporter les vents les plus violents,
sans paraître même en souffrir.

Les onze premiers anneaux sont, en outre, garnis chacun
sur la partie supérieure, de six tubercules ornés de poils
très-courts et très-durs, destinés sans doute à préserver
la chenille du contact des corps étrangers. On la voit en
effet, à la moindre apparence de danger, resserrer ses anneaux de manière à rapprocher ces excroissances et se
défendre ainsi des chocs qui pourraient la blesser. Le
12me ne porte que quatre de ces tubercules, les deux
autres étant remplacés par deux des faces triangulaires
dont nous avons parlé plus haut.

Enfin, sur chaque anneau se trouve encore une série de
douze points noirs, divisés par deux et par trois entre les
tubercules.

§ 2. — **Transformations diverses de la chenille.**

L'éclosion des larves est extrêmement variable, et nous
n'avons jusqu'ici sur cette question que des données

très-vagues. Nous pouvons dire, cependant, que cette éclosion dépend beaucoup de la température à laquelle les graines ont été soumises. Elle a lieu généralement de 10 à 20 jours après la ponte, et plus tôt même si la chaleur se fait sentir. Le froid, par contre, la retarde et peut même l'arrêter complétement, car nous avons conservé tout l'hiver des œufs de l'automne dernier, qui présentent encore tous les caractères des graines de la meilleure qualité.

A sa naissance, la chenille est longue de quatre millimètres environ, et n'a guère qu'un demi-millimètre de diamètre. Elle paraît noire, les tubercules et les points noirs dont nous avons parlé plus haut ne permettant pas, à cet âge, de distinguer à l'œil nu la couleur de sa peau qui est d'un jaune foncé. De plus, pendant cette première période de son existence, elle porte sur le premier anneau une large plaque du noir le plus vif.

Elle est à peine éclose qu'elle gagne la feuille qui doit la nourrir, et commence à en ronger les bords (voir fig. 2, pl. II). Aussi sa croissance est-elle des plus rapides. Dès le second jour, sa couleur jaune apparaît à l'œil nu. Vers le septième jour, elle cesse de manger, puis après avoir accroché ses pattes membraneuses à un réseau de fils dont elle a tapissé la feuille qui la porte, elle entre dans cette phase ou crise qu'on appelle le sommeil des chenilles, et qui précède le premier changement de peau.

La période qui constitue le premier âge de la chenille touche à son terme. Après un repos de vingt-quatre à quarante-huit heures et quelquefois plus prolongé, suivant l'état de l'atmosphère, la peau se dessèche, se rompt, et comme elle est accrochée au réseau de fils dont nous venons de parler, la chenille en sort sans difficulté. Elle paraît alors avec une peau nouvelle, cachée jusque-là sous la première enveloppe.

L'insecte est entré dans son second âge; son corps porte de 8 à 10 millimètres de longueur; il est d'un jaune plus clair et la plaque noire des premiers anneaux n'existe plus, (fig. 3, pl. II). Cette seconde période dure, comme la première, de six à sept jours; l'insecte, après un nouveau sommeil, se dépouille encore pour entrer dans son troisième âge.

Il est alors long de 15 à 16 millimètres. Au bout de deux ou trois jours, tout son corps se couvre d'une sécrétion cireuse du blanc le plus pur, qui a pour avantage de le garantir de la pluie aussi bien que de la rosée, car elle est parfaitement imperméable à l'eau, (fig. 4, pl. II). Le ver reste encore trois ou quatre jours dans cet état, et vers le vingtième de son existence, il entre dans son quatrième âge, après un troisième dépouillement.

Sa longueur est alors d'environ 20 millimètres ; sa tête et ses tubercules restés noirs jusque-là, changent de couleur. La tête, les pattes et le dernier anneau prennent une teinte d'un beau jaune d'or ; le corps, blanc pendant les premiers jours de cette période, tourne insensiblement au vert pâle, légèrement bleuté. Il en est de même de ses tubercules.

C'est du vingt-sixième au vingt-septième jour qu'il renouvelle pour la dernière fois son enveloppe. La figure 1re, planche III, représente le ver dans son dernier sommeil ; son corps est légèrement arrondi, les anneaux sont resserrés, et les pattes écailleuses un peu relevées. [1] La se-

---

[1] La position relevée des pattes écailleuses, est un des signes caractéristiques de l'état de crise ou de sommeil qui précède chaque changement de peau.

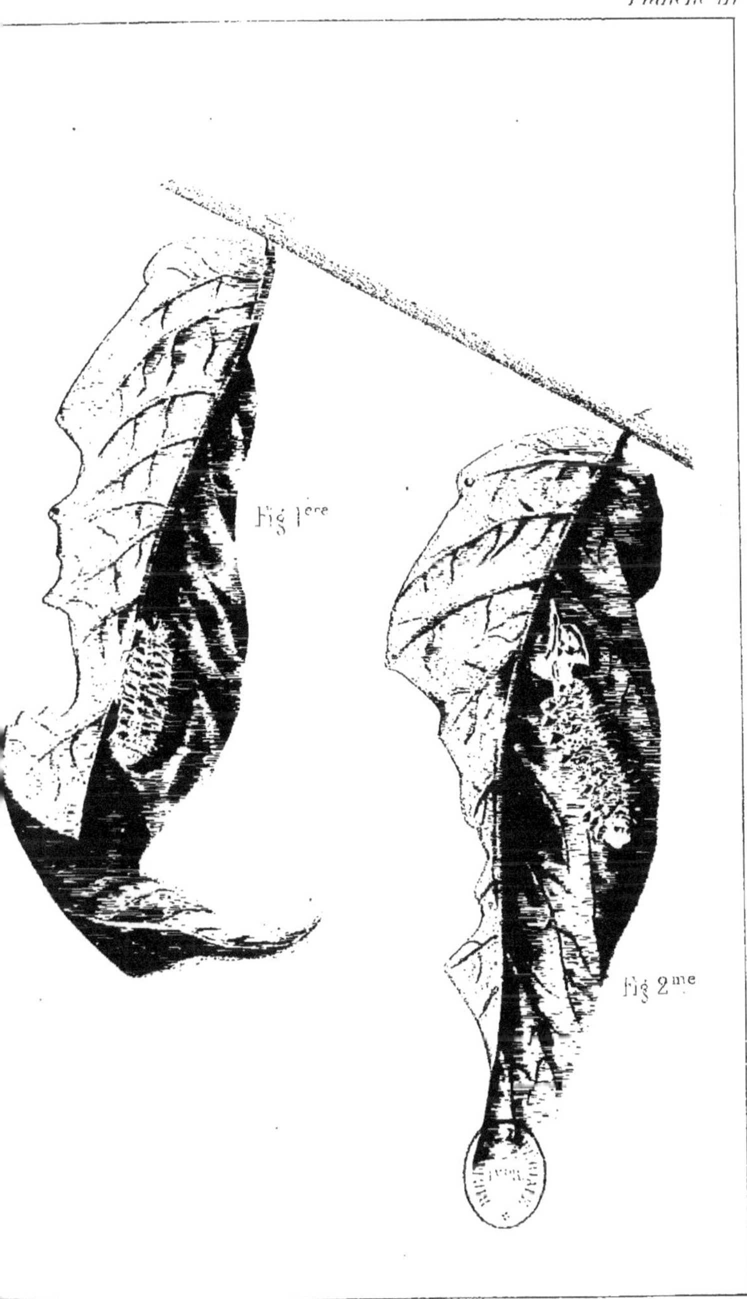

Taillon de Montmerlent del.

Imp Lemote 13 r. des Boulangers Paris

VERS DU 4me AGE

1ere Ver dans son 4me sommeil. _ 2me Ver entrant dans son 5me âge

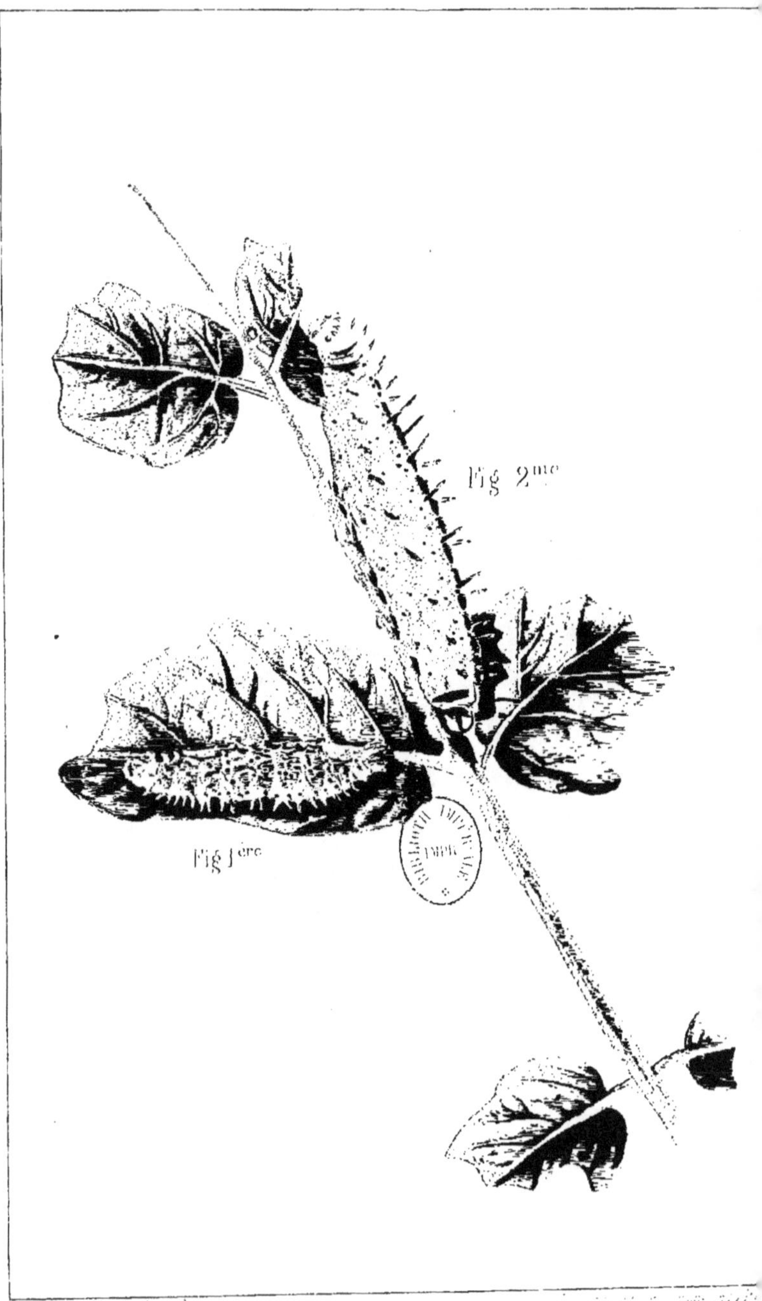

VERS DU 5me AGE

VERS DU 3e ÂGE

conde figure de la même planche le montre au moment
où il vient de quitter sa quatrième peau, qu'il a fait glisser
le long de son corps et qu'on voit derrière lui. Sa taille,
qui est d'abord de 32 à 35 millimètres, augmente alors
beaucoup plus rapidement; sa couleur verte devient plus
caractérisée. L'extrémité de ses tubercules prend une belle
teinte de bleu de ciel; ses pattes et les trois faces triangulaires de son dernier anneau sont bordées d'un filet de
même couleur. (Fig. 1re, pl. IV).

Vers le trente-quatrième jour, la chenille atteint une
longueur de 65 à 70 millimètres. Elle se montre alors
plus active, change fréquemment de feuille, puis laisse
échapper une grosse goutte d'un liquide brunâtre. A partir de ce moment, elle cesse de manger. Son corps prend
une teinte un peu plus jaunâtre, et finit par devenir presque transparent.

Son travail va commencer. On la voit d'abord tapisser
activement la foliole dont elle a fait choix ; puis un cable
solide, attaché par un bout à la tige de l'arbre, se réunit
de l'autre à la bourre de soie qui doit envelopper le
cocon. La chenille s'assure ainsi que la demeure qu'elle
va se construire et dans laquelle elle doit passer l'hiver,
ne 'pourra pas tomber à la chute des feuilles. Ces précautions prises, elle se met définitivement à l'œuvre.

Laissons ici M. Guérin Méneville nous décrire lui même
le travail de l'intelligente ouvrière, relevé d'après nature
sur son journal d'observations.

« Elle travaille sous mes yeux et je lui vois replier ses
« fils pour faire l'ouverture du cocon. Sa langue ou fi-
« lière est noire. Elle pose son fil en zigzag, comme la
« chenille du ver à soie ordinaire, et en fait de petits pa-

« quels en tous sens, se retournant dans son cocon comme
« le Bombyx Mori et comme tous les autres.

« En travaillant, la chenille prend, de temps en temps,
« un instant de repos; mais cet arrêt n'est que de quel-
« ques secondes. De temps en temps aussi, après avoir
« posé un assez grand nombre de zigzags de fils, elle
« s'arrête et se gonfle, comme pour pousser les parois du
« cocon et se faire la place nécessaire. »

« Quand elle travaille du côté de l'ouverture, elle fait
« des mouvements beaucoup plus longs, et pose alors ses
« fils dans le sens longitudinal, en avançant sa filière jus-
« qu'à l'extrémité de l'ouverture, collant son fil aux fils
« précédents, et revenant parallèlement à ces premiers
« fils. Ensuite elle pose en dedans d'autres fils dans tous
« les sens; mais chaque fois qu'elle revient à l'ouverture,
« elle travaille de nouveau dans le sens longitudinal. »

« Pendant tout le travail, ses antennes et ses palpes
« sont en mouvement ainsi que ses mandibules. Celles-ci
« semblent servir de polissoirs, car elles ne mordent ni ne
« coupent rien. »

Pendant quelques heures seulement, on peut suivre,
comme l'a fait le savant professeur, tous les mouvements
de la chenille qui finit par disparaître derrière le tissu
dont elle est entourée. Jusqu'au moment où l'on cesse de la
distinguer, sa soie conserve la plus éclatante blancheur.
On peut en juger par la figure 1re de la planche V.
Mais bientôt l'insecte répand sur ses fils un liquide gluti-
neux, qui en détruit l'éclat et leur donne une teinte
grisâtre, assez semblable à la couleur du lin. Le cocon
prend alors une telle consistance que c'est à peine s'il
cède sous la pression du doigt.

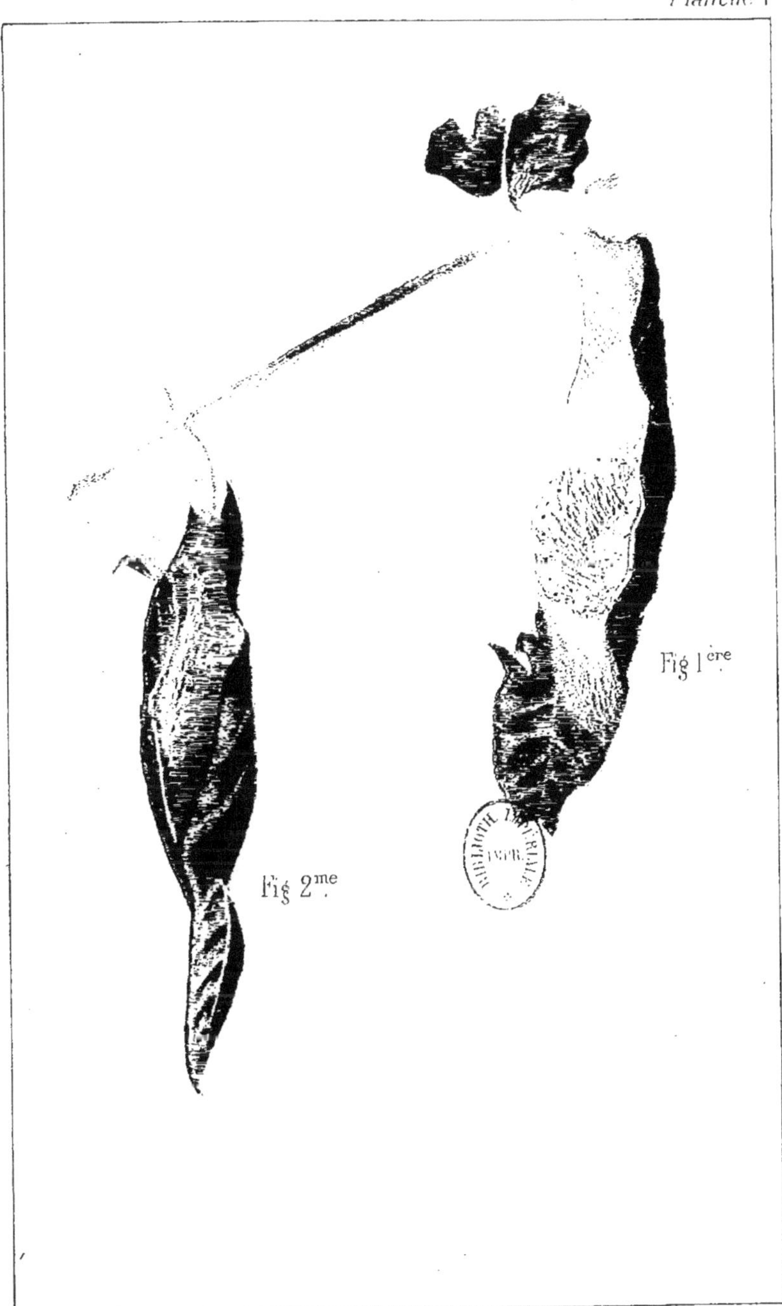

C. Millon de Montherlant del.   Imp. Zanote r des Boulangers,13,Paris

1ᶜʳᵉ VER COMMENÇANT SON COCON. 2ᵐᵉ COCON TERMINÉ

§ 3. — Cocon.

Le cocon du Bombyx Cynthia (fig. 2, pl. V) diffère
complétement par sa forme du cocon du mûrier. Il est
allongé, presque pointu par les deux bouts. Sous le climat de Paris, sa longueur est en moyenne de 45 à 50 millimètres sur 15 millimètres environ de largeur. Ces dimensions varient suivant la température, et sont en raison
inverse de la chaleur, ce qui prouve bien que notre insecte n'appartient pas aux pays chauds.

Nous en avons fait en 1865 l'expérience à Paris même,
au Palais de l'Industrie. L'exposition des insectes s'y
trouvait au premier étage de la partie méridionale, et sans
aucun abri contre les ardeurs du soleil. Cette disposition
en faisait une véritable serre chaude, où l'atmosphère était
tropicale. Les cocons que nous y avons obtenus n'avaient
guère que 25 à 30 millimètres de long sur 8 à 10 de
large.

Quant au poids, il est aussi variable que le sont
les dimensions, et en il suit nécessairement les conséquences. En 1864 la moyenne de nos cocons pleins, au
moment de la récolte, était de 3 grammes ; celle des cocons vides et bien secs de 50 centigrammes. En 1865, où
la chaleur a été beaucoup plus grande, cette moyenne est
descendue pour les cocons pleins à 265 centigrammes et
pour les cocons vides à 45. Ces deux années nous donnent
ensemble 2,100 cocons vides dans un kilogr. En Touraine,
où la température est plus élevée qu'en Brie, M. de La-

mote-Baracé en a trouvé 2,440. M. Guérin, sur des cocons provenant d'Alger, en a compté 2,390. Il en a conclu que les calculs devraient être établis sur 2,400 pour éviter toute erreur.

Ce chiffre est peut-être élevé pour notre climat et nous ne désespérons pas de le voir redescendre à 2,000 dans la grande culture, lorsque tout y sera convenablement organisé. Le poids de 50 centigrammes, par cocon vide et bien sec, est d'ailleurs celui que nous avons trouvé sur des cocons chinois, envoyés directement de Pékin au Gouvernement français.

Quand la production sera suffisante pour permettre le choix des reproducteurs, nous arriverons infailliblement à l'amélioration de la race, et nous obtiendrons peut-être des résultats supérieurs encore à ceux que nous espérons. Nous avons recueilli dans le parc de Flamboin des cocons énormes par rapport à la moyenne. Nous avons pesé sous les yeux mêmes de M. Guérin Méneville, en 1864, un cocon plein enlevant 7 grammes. Vide, il pèse encore 11 décigrammes, et nous le conservons comme un spécimen de ce qu'on peut obtenir. On n'en compterait de cette taille que 910 au kilogramme. Il porte 75 millimètres de longueur sur 18 de largeur. Nous ne pouvons évidemment pas espérer de pareils produits en moyenne, mais il faut néanmoins reconnaître que de 2,400 à 910, il y a de la marge pour le progrès.

§ 4. — Chrysalides.

La chrysalide ou nymphe est presque l'insecte à l'état parfait, mais replié, resserré et enduit d'une matière visqueuse qui se sèche et lui forme une sorte de cuirasse, sous laquelle on distingue déjà tous les organes qui doivent se développer plus tard.

On peut entendre, aux approches de l'été, une sorte de bruit sourd se produire dans le cocon.

Le moment est venu pour la chrysalide de paraître sous sa dernière forme, de devenir enfin un insecte parfait.

Par la description si nette que nous en a donnée l'habile entomologiste que nous aimons à citer, nous avons vu la chenille diriger son travail de manière à se ménager une issue, pour le moment où elle doit sortir en papillon de la demeure qu'elle s'est construite.

Si l'on examine avec soin le cocon, on remarque à l'extrémité qui l'attache au pédoncule de sa foliole, une ouverture cachée par de longs fils contournés en anneaux. Ces anneaux, suffisamment serrés pour empêcher un insecte étranger de pénétrer dans la coque, s'écartent facilement lorsque le constructeur désire sa liberté. Leur disposition est analogue, mais en sens inverse, à celle de la nasse ou du verveux. Dans ces deux instruments de pêche, l'entrée seule est praticable, et dans le cocon c'est la sortie.

Notre chrysalide a fini de briser la cuirasse qui l'étreint. Écartant alors, après les avoir légèrement humectés, les fils qui, comme nous venons de le dire, ferment l'orifice de sa demeure, elle s'aide de ses pattes qui sont devenues libres, puis se glisse au dehors, laissant au passage l'enveloppe qui la gêne.

Ce grand effort accompli, l'insecte se repose sur la surface extérieure de ce même cocon dont il vient de sortir. Son corps d'ailleurs est encore tout humide, et ses ailes molles et chiffonnées ne lui seraient d'aucun secours. Quelques heures lui sont nécessaires pour sécher tout cela, ses ailes pendant ce temps, se déploient peu à peu, et finissent par devenir fermes et parallèles au plan sur lequel il est posé. Dès qu'on le touche alors, il projette par l'anus quelques gouttes d'une liqueur jaunâtre et prend son essor. Il est papillon.

§. 5 — **Papillon.**

Le Bombyx Cynthia se rapproche assez, par les couleurs et par les dimensions, de cette grande phalène si connue dans nos climats sous le nom de grand paon de nuit. Mais il en diffère sensiblement par la forme des ailes et la manière dont il les porte. Elles sont tellement étalées au repos, que c'est à peine si les deux supérieures recouvrent les autres. Quant aux dessins qu'elles portent, la figure que nous en donnons, planche VI, les indique beaucoup mieux que ne le ferait la meilleure description.

Le mâle est, à bien peu de chose près, semblable à la femelle, et les caractères qui les distinguent s'aperçoivent difficilement, lorsqu'on ne les connaît pas. Le ventre est plus gros chez la femelle que chez le mâle; mais comme on voit souvent de très-gros mâles et de très-petites femelles, il est utile de savoir les reconnaître à des signes plus certains. Les lignes blanches de l'abdomen sont plus apparentes chez le mâle, qui porte en outre au bas du ventre et tout près de l'anus, deux petits toupets blancs que n'a point la femelle. La partie antérieure de la tête de

PAPILLONS

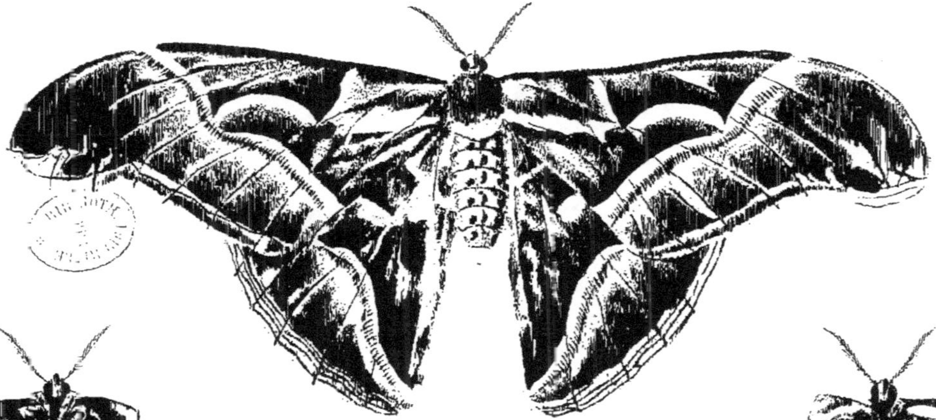

PAPILLONS

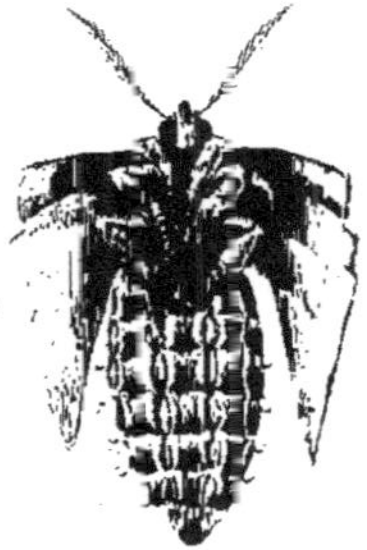

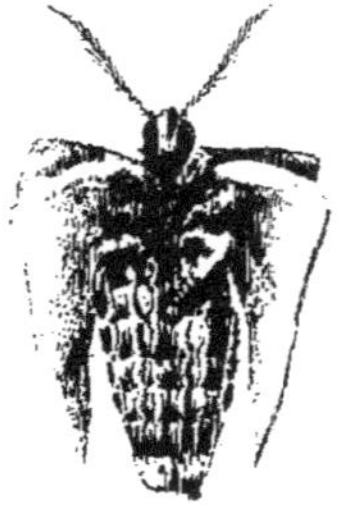

de cette dernière est étroite et presque triangulaire. Cette
partie, chez le mâle , est plus large et se rapproche davantage de la forme du trapèze. Par contre, les antennes
sont plus fortes et mieux fournies chez la femelle. Ces
divers caractères suffisent pour distinguer les deux sexes
avec certitude, et sont fidèlement reproduits dans les
figures 2 et 3 de notre planche VI.

L'éclosion du papillon a lieu généralement de trois à
six heures du soir, et il est assez ordinaire que, dès la nuit
suivante, les accouplements aient lieu. Le lendemain même,
la femelle commence à pondre et continue pendant quatre
à cinq jours. Elle produit dans cet espace de temps une
quantité de graine qui varie beaucoup suivant sa force.
Les différentes pesées que nous avons faites à plusieurs
époques, nous ont donné de deux à trois cents œufs, et
nous pensons avec M. Guérin Méneville que le chiffre
de 250 peut être considéré comme la moyenne de production d'une femelle.

Nous avons mis, à plusieurs reprises, quelques-unes de
ces femelles en liberté : toutes ont su, guidées par leur
instinct, découvrir l'ailante parmi d'autres arbustes,
pour déposer leurs œufs. On y retrouve ceux-ci par petits paquets fixés au revers des folioles au moyen de
l'enduit dont nous avons parlé page 25. Ils sont toujours
disposés de manière à laisser libre le côté que doit ouvrir le jeune ver, au jour de l'éclosion.

A cette nouvelle preuve de l'identité de notre Cynthia
avec le parasite de l'ailante, nous ajouterons les descriptions données par les missionnaires, de l'insecte vivant sur
l'arbre qu'ils avaient pris pour un frêne.

« Le papillon de ces vers sauvages, dit le père d'In-

carville, dans les mémoires recueillis par ses successeurs, »
« est à ailes vitrées, de la cinquième classe des phalènes,
« selon le système de M. de Réaumur. Il porte ses ailes
« parallèles au plan de position, et laisse son corps entiè-
« rement à découvert. Il ne les a guère plus étendues
« lorsqu'il vole, que quand il est posé. »

Le même auteur ajoute plus loin, en faisant la description de la chenille :

« C'est une chenille de la première classe suivant M. de
« Réaumur; elle est d'un vert mêlé de blanc, imparfaite-
« ment rase, à six tubercules, six sur chaque anneau. Les
« poils de ses tubercules sont, ainsi que le reste du corps,
« couverts d'une poudre blanche. »

Si l'on rapproche cette description, tout incomplète qu'elle soit, de celle que nous avons donnée nous-même du Bombyx Cynthia, il n'est plus permis de douter que le ver à soie du frêne, étudié par le vénérable Père, ne soit bien le même que le nôtre, ni que ce dernier ne soit en Chine l'objet d'une culture ancienne et productive.

CHAPITRE III

ÉDUCATION DU BOMBYX CYNTHIA.

Tous les essais d'éducation tentés en France, depuis l'introduction de notre précieuse chenille, n'ont guère donné que des résultats incertains. De très-brillants succès, obtenus tout d'abord sur quelques points, font été suivis de désastres inexplicables. Ailleurs des échecs successifs ont amené le découragement, avant même qu'on tentât de rechercher la cause des pertes éprouvées. Des plantations importantes ont été délaissées, d'autres même détruites, qui, mieux dirigées, pouvaient pourtant donner d'excellents produits.

Ces revers étaient inévitables. Ne voyons-nous pas, chaque jour, dans les cultures qui nous environnent, les hommes les plus instruits, les hommes les plus intelligents se ruiner à des essais qui donnent les meilleurs résultats dans des mains moins brillantes, mais plus expérimentées.

L'expérience est un élément qui ne se remplace pas

quand on doit compter avec tant d'agents divers, avec la nature du sol, avec le climat, avec la température, avec les ennemis de toutes sortes, qui se présentent chaque année sous des formes différentes et demandent à chaque fois une étude particulière.

Cette expérience si nécessaire nous faisait alors complétement défaut. De l'insecte que nous voulions élever, nous ne connaissions ni la nature, ni les mœurs, ni les besoins, ni les ennemis. A peine savions-nous quelques mots de l'arbre qui devait le nourrir.

Mieux instruits maintenant, nous savons toute l'importance des précautions d'abord les plus négligées. Eclairés sur plusieurs faits, nous nous rendons mieux compte d'une infinité d'autres, même de ceux qui d'abord semblaient inexplicables. Chaque année, de nouveaux progrès, de nouvelles observations confirment les progrès et les observations des saisons précédentes, montrent la voie plus sûre et le but plus certain.

Les causes de destruction, qui ont amené nos premiers désastres, sont de nature différente. Nous avons eu d'une part, les maladies, conséquences naturelles de soins insuffisants, inutiles ou exagérés, et de l'autre les ennemis de toutes sortes qui menacent l'existence de nos précieux élèves.

Si nous évitons les premières, en rapprochant l'insecte de l'état de nature, nous multiplions nécessairement les autres, et nous tombons dans un cercle vicieux dont nous ne pouvons sortir qu'à certaines conditions.

Il est difficile de réduire le nombre des ennemis à combattre; mais il n'est pas impossible de multiplier les plantations sur un point donné dans une proportion telle que la part prélevée par les parasites soit, sur l'ensemble, considérablement réduite. C'est une ressource que nous donne la grande culture.

Mais peu de personnes peuvent planter plusieurs hectares à la fois, et le pourrait-on qu'on hésiterait à le faire avant de bien connaître ce qu'on en peut tirer. On commence donc généralement sur de petits terrains, et par conséquent dans les conditions les plus défavorables; aussi n'y peut-on réussir, si l'on n'a recours à quelques expédients.

C'est ainsi que nous avons opéré dans le parc de Flamboin, près de la station qui porte le même nom, sur la ligne de Paris à Mulhouse.

Quelques vers exposés en 1859 par M. Guérin Méneville nous avaient vivement intéressé. Les profits annoncés paraissaient si brillants, les essais si faciles, les frais si peu coûteux, que nous n'avons pas hésité à consacrer quelques ares à cette nouvelle étude.

Moins heureux que bien d'autres dans nos premiers essais, nous ne sommes arrivé que lentement à des résultats d'autant plus satisfaisants, qu'ils n'ont été que la conséquence pratique d'observations assidues. Quelques détails sur nos premières éducations feront comprendre à nos lecteurs comment, en étudiant le mal, nous avons trouvé le remède.

§ 1er — **Éducation de 1862**

La première éducation faite à Flamboin date du mois de juillet 1862. Le produit de 5 grammes d'œufs fut dispersé, deux à trois jours après l'éclosion, sur quelques centaines d'ailantes semés en pépinière en 1860, et transplantés, au mois de mars suivant, dans un des terrains les moins fertiles du parc. Le sol ayant été d'abord convenablement préparé, et entretenu par la suite avec le plus grand soin, ces jeunes plants avaient si bien prospéré, qu'on avait cru pouvoir les utiliser dès la seconde année.

Les jeunes vers d'ailleurs s'y comportèrent à merveille, et parvinrent à leur cinquième âge sans pertes sensibles. Le succès paraissait assuré, quand du 23 au 25 août, au moment même où la plupart des chenilles se disposaient à filer, presque tout disparut, sans cause apparente de destruction. Sur 2,000 vers environ, 10 cocons seulement, recueillis en septembre, seraient restés notre seule ressource, si nous n'avions pris la précaution d'en conserver quelques vers dans un appartement.

De cette petite éducation privée nous avions sauvé 90 cocons, qui joints aux dix premiers, complétaient la centaine. C'était peu, mais assez pour continuer d'autres essais l'année suivante, si nous avions su les conserver. Mais nous ignorions encore comment on peut parer aux éclosions prématurées, et, dans les premiers jours d'octobre, 85 papillons sortaient et nous donnaient des œufs dont nous ne pouvions tirer aucun parti, les feuilles de nos arbres commençant à tomber.

Il ne nous restait donc guère de cette première éducation qu'une preuve de la rusticité du Cynthia, et la certitude qu'il pouvait vivre en liberté dans notre climat. Il n'en fallait pas plus pour nous décider à d'autres tentatives.

§ 2. — Education de 1863.

Le 2 juillet 1863, de nouvelles éclosions se montraient et, dès le lendemain, les jeunes vers étaient sur les arbres. Trois ou quatre jours s'étaient à peine écoulés que déjà bon nombre de chenilles manquait à l'appel. L'année précédente, nous ne les avions perdues qu'au cinquième âge ; cette fois elles n'étaient pas même sorties du premier.

Le résultat n'était pas encourageant ; cependant quelques heures de surveillance nous mirent bientôt sur la trace des coupables.

La plantation, rasée complétement au collet de la racine à la fin de l'hiver précédent, s'était considérablement ramifiée ; nos jeunes vers avaient été déposés dans ces touffes épaisses, formées par les feuilles à la naissance des tiges et qui semblaient pour eux un excellent abri.

Mais ces étages inférieurs étaient, par malheur, également fréquentés par quatre ou cinq espèces d'insectes carnivores, fourmis, araignées, faucheurs et autres locataires des herbages voisins. Tout cela faisait bombance aux dépens des nouveaux venus et n'attendait que de nouvelles victimes pour se livrer à de nouveaux festins. On ne leur laissa pas cette satisfaction.

Nos jeunes élèves, conservés à l'intérieur jusqu'à leur second âge, furent suspendus ensuite aux branches les plus élevées. Les pertes devinrent plus rares, si rares même sur certains arbres qu'il en fallut déménager les chenilles, sous peine de les voir périr d'inanition. Nous croyions au succès, car plusieurs vers commençaient à filer, lorsque, du 20 au 25 août, une nouvelle catastrophe vint encore tout détruire.

Nous avions dû nous absenter à cette époque pour quelques jours, et la plantation que nous avions laissée si belle n'était plus au retour qu'une scène de désolation. Ici des feuilles tapissées de soie pendaient abandonnées ; là des cocons percés ou déchirés portaient encore les traces sanglantes des malheureux qui n'avaient pu les finir. Partout enfin des restes mutilés de vers desséchés au soleil, ne laissaient aucun doute sur la nature du fléau dont nos pauvres élèves venaient d'être victimes.

Il était plus facile de constater le désastre que d'en trouver les auteurs ; et la perte était double, puisqu'elle ne pouvait plus même servir à notre instruction.

Toutefois la récolte faite nous donnait encore 354 cocons intacts. Nous en avions en outre 278 élevés à l'intérieur, soit en tout 632. Nous pouvions avec ces ressources poursuivre nos essais, sans recourir l'année suivante à la graine étrangère. Mais il fallait préserver nos chrysalides de ces éclosions intempestives qui nous avaient fait perdre la plupart de celles de la saison précédente. Elles furent, pour cette raison, suspendues à la voûte d'un bas cellier assez frais pour servir de cave, et cependant assez aéré pour n'être pas trop humide. Le moyen sans doute était bon, car deux papillons seulement se montrèrent en octobre.

Si nous comparons ces deux premières campagnes séricicoles, nous y trouvons des faits bien différents. En 1862, les jeunes vers n'avaient, pour ainsi dire, pas rencontré d'ennemis ; en 1863, ils succombent au contraire, dès leur

premier âge, victimes d'insectes qui jusque-là ne s'étaient
pas montrés. La première année, les vers perdus au moment du coconnage ne laissaient aucune trace ; la seconde,
tout est souillé par le sang des victimes. Nous nous bor-
nons ici à signaler ces faits, qui s'expliqueront plus tard
et dont nous avons à tirer par la suite d'importantes conclusions.

§ 3. — Éducation de 1864.

Nous n'avions encore, pour commencer cette troisième
épreuve, que des données bien vagues sur les deux précédentes. Les attaques des fourmis et des araignées nous
avaient cependant donné l'idée de ne plus receper nos
tiges qu'à 40 centimètres du sol, au lieu de les raser au
collet, comme nous l'avions fait jusque-là. Nous espérions,
en remontant ainsi les bifurcations des tiges, diminuer le
nombre de ces dangereux voisins dans les branches inférieures.

De nouvelles expériences nous donneront plus tard un
moyen plus sûr de les éloigner, et nous permettront de
revenir à la pratique du recepage complet qui présente,
à d'autres points de vue, de très-grands avantages.

D'autres réflexions nous conduisaient à des procédés
plus directs. L'insecte ennemi, qui peut en 24 heures dévorer 25 à 30 chenilles du premier âge, trouvera pour
trois ou quatre jours de nourriture dans un seul ver ayant
atteint le cinquième. En conservant donc les vers jusqu'à
cette période de leur existence, avant de les exposer aux

dangers du dehors, on réduit les chances de perte dans une proportion considérable.

Le 3 juin suivant, les 632 cocons échappés au naufrage nous montraient leurs premiers papillons, dont les œufs éclosaient le 24 du même mois. Les nouvelles chenilles furent installées, avec le plus grand soin, dans une pièce du premier étage éclairée par deux fenêtres au couchant. Le corps de logis dans lequel se trouvait improvisée cette petite magnanerie n'a qu'un étage surmonté d'une espèce de terrasse recouverte de zinc. Cette disposition entretenait dans la pièce, à cette époque de l'année, une température d'autant plus élevée que, la considérant comme un avantage, on s'était bien gardé de prendre la moindre précaution contre les ardeurs du soleil.

Le matériel qui devait servir à l'entretien des chenilles jusqu'à leur cinquième âge était très-primitif. Il consistait en une table assez longue, couverte de bouteilles dans chacune desquelles trois à quatre feuilles d'ailante maintenaient leur fraîcheur par l'absorption de l'eau baignant leurs pédoncules.

Les premiers jours se passèrent assez bien, et la teinte jaune du second âge commençait à paraître sur les premiers de nos élèves, lorsqu'un beau matin la table sur laquelle ils étaient placés se trouva jonchée de morts, de mourants. Nous n'avions cette fois ni fourmis, ni faucheurs; une nouvelle cause de destruction venait de se produire, et cette cause ne pouvait venir que de l'atmosphère ou de l'alimentation.

Dans le premier cas, rien n'était plus facile que d'y porter remède, et tout fut immédiatement transporté dans une orangerie où l'expérience contraire se fit, portes et fenêtres ouvertes, même la nuit. Dès le lendemain, tout était dans l'ordre. Les morts n'étaient pas ressuscités; mais les malades avaient repris les allures les plus rassurantes, et dévoraient à belles dents les feuilles sur lesquelles ils pouvaient à peine se soutenir 24 heures auparavant.

Ce fut pour nous un trait de lumière. Nos chenilles étaient destinées à vivre à la température extérieure de notre climat, et nous les tenions en serre chaude. Comment nous étonner alors que nous n'en ayons fait que de pauvres êtres étiolés et chétifs et, par suite, hors d'état de remplir leur mission.

Le Cynthia d'ailleurs, nous ne devons pas l'oublier, est un insecte nocturne. La fraîcheur de la nuit, pendant laquelle s'accomplissent ses plus importantes fonctions, doit être évidemment un des besoins de sa nature. M. le comte de Lamote Baracé, qui, le premier, seconda si bien les efforts de M. Guérin Méneville, en donnant son intelligence et son temps à l'étude de cette question, reconnaissait lui-même, dès 1860, un grand avantage à placer, la nuit, les papillons au dehors. Ce qui est si favorable à l'insecte parfait serait-il donc moins bon pour les premières phases de son existence? Nous avions évidemment tout lieu de penser le contraire, et nous pourrons bientôt voir comment la pratique a justifié la théorie.

Le résultat de ce petit incident était un grand progrès accompli. Il nous ouvrait un horizon tout nouveau. Ce n'était plus seulement l'éducation du ver qui devait s'opérer au dehors, c'était l'éclosion des œufs, c'était la conservation des cocons, c'était la naissance et le mariage des papillons.

Mais, pour toutes ces opérations, des appareils spéciaux devenaient indispensables. Nous ne pouvions d'abord songer à élever des milliers de vers sous un hangar, ou dans une pièce ouverte à tous les vents, avec les bouteilles dont nous nous étions servi jusque-là. Il nous fallait donc un système moins encombrant et plus expéditif.

L'appareil dont la planche VII donne le dessin, nous parut remplir toutes les conditions désirables.

Un baquet de bois blanc, de 1^m.60 de longueur sur 0^m.70 de largeur et 0^m.28 de hauteur, garni de zinc à l'intérieur, monté sur un pied de 0^m.45 de haut, est rempli d'eau jusqu'à bord. Le dessus de cette boîte est mobile et composé de deux plans de voliges superposés et fixés à de légères traverses qui les maintiennent à 0^m.05 l'un de l'autre. Ces deux plans sont percés, de 0^m.04 en 0^m.04, de petits trous correspondants, disposés en quinconce et assez larges pour qu'une feuille d'ailante puisse facilement y entrer. La feuille, débarrassée des trois ou quatre premières paires de folioles et piquée dans ces trous, est maintenue dans sa position verticale par l'écartement des deux plans de voliges. Son pédoncule, trempant de 0^m.20 dans l'eau, conserve sa fraîcheur jusqu'à l'entier épuisement des folioles, en sorte que rien n'est perdu pour les vers. Une feuille est-elle complétement dévorée, il suffit d'en placer une nouvelle dans un des trous voisins que l'on a laissés vides. En quelques minutes, cette dernière est envahie pour avoir bientôt le sort de celle qu'elle remplace.

On peut ainsi, sans autre peine que de renouveler les feuilles mangées, nourrir une grande quantité de vers, pour ne les lâcher définitivement sur les arbres qu'au moment favorable. Ajoutons à cela que les quatre coins du couvercle sont échancrés pour qu'on puisse, sans le

FIG 1re BAQUET POUR L'ÉDUCATION DU BOMBYX CYNTHIA . FIG. 2e TABLETTE POUR L'ÉCLOSION

Fig 2me

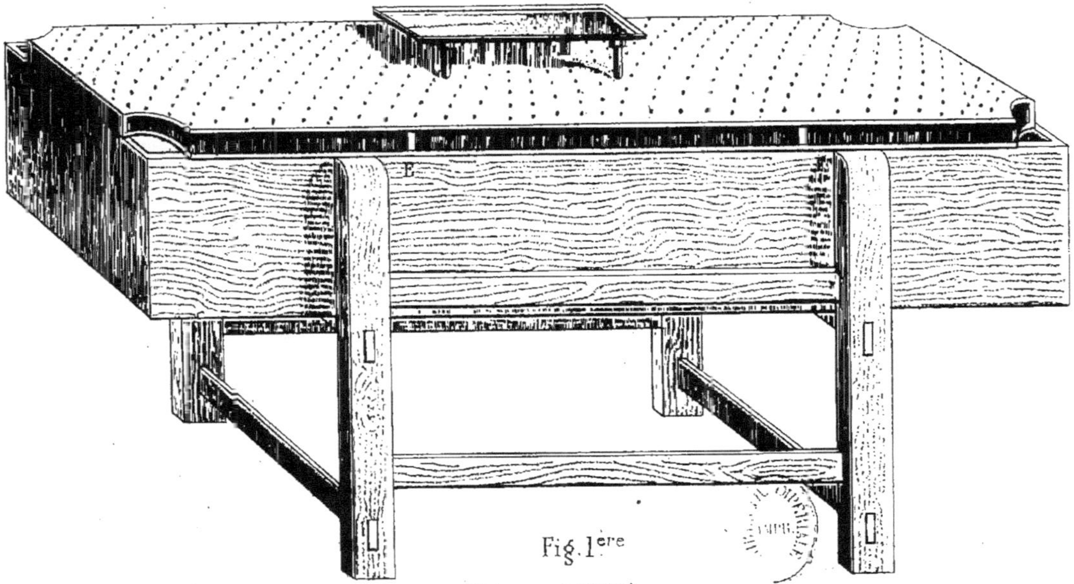

Fig. 1ère

Réduction à 10 cent pour metre.

Imp Zanote r des Boulangers, 13, Paris

C Millon de Montherlant del

FIG. 1ère BAQUET POUR L'EDUCATION DU BOMBYX CYNTHIA. FIG. 2e TABLETTE POUR L'ECLOSION

déranger, remplacer l'eau qu'ont absorbée les feuilles. On doit également renouveler l'eau de temps à autre, en la faisant écouler par un trou ménagé dans le fond du baquet.

Nos vers furent donc élevés sur cet appareil avec le plus grand succès jusqu'au 12 juillet, époque à laquelle la nécessité de faire de la place aux nouvelles éclosions nous forçait à transporter nos premiers vers à la plantation. Les plus avancés touchaient à leur 4me âge et montraient la santé la plus florissante.

Mais notre appareil présentait alors un grave inconvénient. Recevant chaque matin les jeunes vers éclos la nuit précédente, il contenait, au bout de quelques jours, des larves de tout âge attachées aux mêmes feuilles. La facilité avec laquelle les plus fortes circulaient d'une feuille à l'autre avait tout mélangé.

Il était trop tard pour y remédier ; il fallut donc nous borner à choisir les feuilles sur lesquelles les vers les plus âgés étaient les plus nombreux, et ces feuilles furent portées sur nos buissons d'ailantes. A partir de ce jour, à moins d'un temps contraire, trois à quatre cents vers furent ainsi transportés chaque matin et mis en liberté.

Après avoir, par ces soins, préservé nos chenilles des maladies et des insectes qui pouvaient nuire aux premiers âges, il nous restait à les défendre contre l'ennemi qui les menaçait encore, contre l'auteur inconnu de nos premiers désastres. Deux mois d'observations incessantes nous ont enfin montré ce terrible adversaire, et sous quelle forme ?

Sous la forme d'abord de ce joli petit coléoptère si brillant, si gracieux, si utile même qu'il n'est souvent connu dans nos campagnes que sous le nom de bête à bon

Dieu. La coccinelle rouge à sept points (fig. 1re, pl. VIII) a pour notre pauvre Bombyx le goût le plus prononcé. Il est curieux de voir avec quel acharnement elle se précipite sur le malheureux ver, avec quelle ardeur elle torture sa victime. C'est qu'inoffensive en apparence, elle n'en est pas moins armée de mandibules terribles, sous l'étreinte desquelles s'agite en vain sa proie, qui périt sans défense. Cependant le ver mutilé meurt lentement, car il n'est pas rare de le voir remuer, à demi dévoré, comme celui que représente la figure 2, planche VIII.

Un autre ennemi non moins redoutable que la coccinelle, mais plus connu, est la guêpe, ce fléau de nos vergers, qui ne laisse, elle, aucune trace de son passage. La victime, percée de mille coups d'aiguillon, tombe bientôt au pied de l'arbre où l'achève son féroce adversaire, avant de voler à d'autre butin.

Citons encore la grande sauterelle verte qui s'attaque aussi aux plus grosses chenilles, mais laisse à peu près les mêmes traces que la coccinelle.

L'araignée, le faucheur et la fourmi ne sont dangereux que pour les premiers âges, ou pour les larves mutilées par les autres.

Après les insectes ou plutôt avec les insectes, notre Bombyx doit encore compter au nombre de ses tyrans plusieurs espèces d'oiseaux insectivores. Ainsi les jeunes chenilles sont assez recherchées des fauvettes et des mésanges. Plus tard la sécrétion blanche qui les recouvre paraît en éloigner ces gracieux maraudeurs, mais elles sont alors plus appréciées du merle et surtout du loriot, jusqu'à ce que vienne à la fin le coucou qui les enlève avec

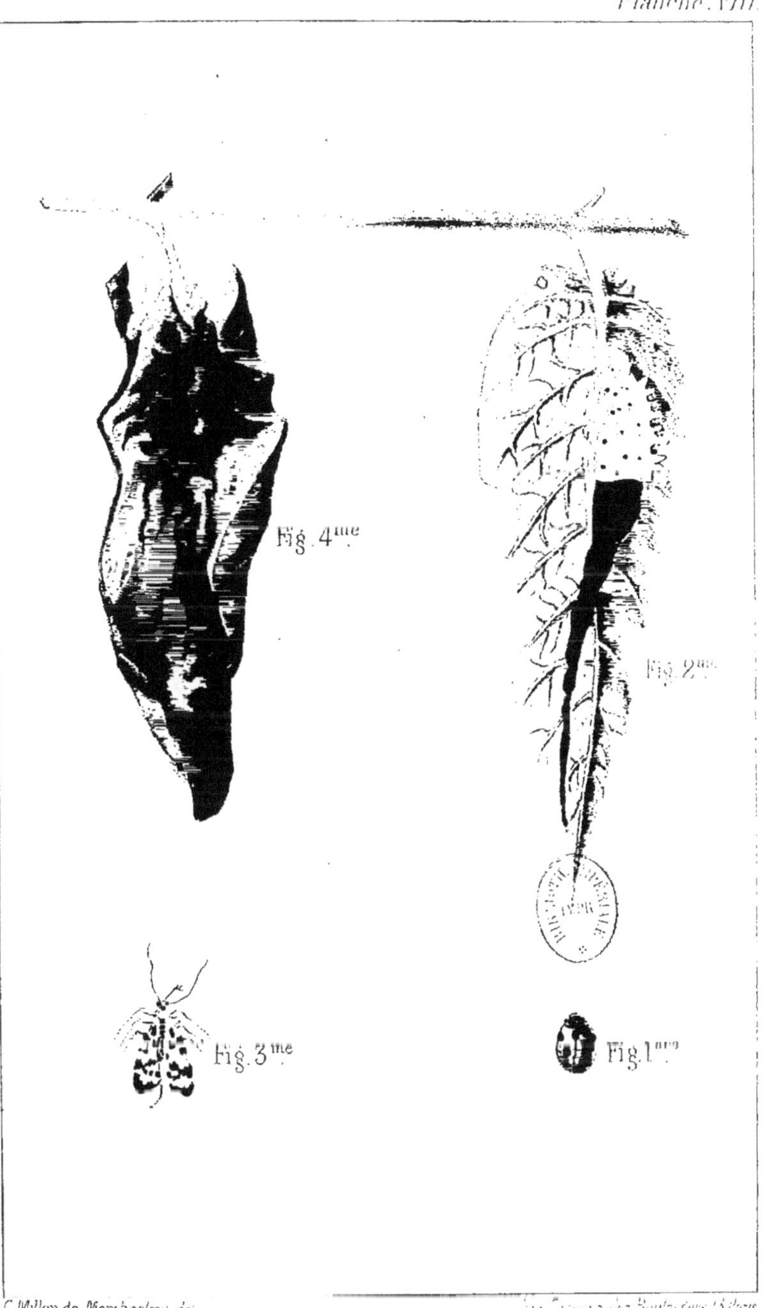

1re COCCINELLE   2me EFFET PRODUIT SUR LE VER PAR LA COCCINELLE

3me PANORPE   4me COCON DÉCHIRÉ PAR UNE PANORPE

une incroyable audace Nous tenons d'une personne très-digne de foi que la chauve-souris ne les dédaigne pas, mais nous n'avons pu personnellement en faire l'expérience.

Quand sorti sain et sauf de tant de périls, le Cynthia réussit à former son cocon, il semble qu'il soit sous cette coque à l'abri du danger. Il n'en est malheureusement rien. Toute ferme que soit l'enveloppe qui protége la nymphe, un autre insecte est là qui peut y pénétrer.

La mouche scorpion ou panorpe (voir pl. VIII, fig. 3), insecte parfait d'une petite larve aquatique, est armée d'une trompe assez dure pour n'être point arrêtée par le mur de soie qui la sépare de la chrysalide. Cette mouche est abondante dans les terrains qui sont environnés d'étangs ou de cours-d'eau, et c'est à sa présence que nous devons une bonne partie des pertes des deux premières années. On peut voir, par la figure 4 de la même planche, l'aspect d'un cocon percé par la panorpe.

A ces causes extérieures de destruction déjà si nombreuses, nous devons en ajouter deux autres qui, pour être d'une autre nature, n'en sont pas moins sérieuses.

L'une, qui est la conséquence des éclosions faites à une température élevée, avait atteint la plupart de nos premières chenilles qui, sans mal apparent jusqu'au moment de filer, tombaient alors de l'arbre et ne pouvaient arriver à former leur cocon.

L'autre provenait du mélange de nos vers. Nous avons dit plus haut que les feuilles portées du baquet sur les arbres contenaient des vers de tout âge. Plusieurs de ceux-ci se trouvaient nécessairement à ce moment de crise ou de sommeil qui précède le passage d'un âge à l'autre.

Or, nous avons vu, page 27, qu'au moment où la jeune

larve doit entrer en cet état, elle tapisse la feuille qui la porte d'un imperceptible réseau de soie. A ce réseau se trouve attachée l'enveloppe qu'elle doit quitter et dont elle ne peut sortir sans cette précaution.

Si la jeune chenille qui se trouve à cette période de son existence est brusquement soumise aux variations de température de certaines nuits d'été, la crise se prolonge, la feuille se dessèche, le moindre vent la brise, et la malheureuse larve tombe pour devenir immédiatement la proie des insectes terrestres.

En passant en revue, comme nous venons de le faire, toutes les catastrophes qui peuvent atteindre et détruire nos vers, il semble si difficile de les en préserver, qu'on est vraiment tenté de renoncer à la lutte. Il n'est cependant pas impossible d'y réussir, du moins dans une certaine mesure.

Les oiseaux, pendant cette éducation de 1864, nous avaient causé peu de dégâts. Quelques merles se montraient bien de temps à autre dans les buissons, et plusieurs branches, couvertes du sang noir des chenilles, accusaient leur passage d'une manière un peu compromettante. Mais il n'y avait pas de ce côté d'inquiétudes sérieuses. Quelques coups de fusil en avaient fait justice, et avaient en même temps refroidi le zèle des autres amateurs.

Les insectes seuls étaient donc pour nous une préoccupation. Cependant la saison s'avançait, et nous ne pouvions guère songer qu'au plus pressant péril.

On fit aux coccinelles une chasse d'autant plus facile que, dans leur ardeur meurtrière, elles ne fuient même pas la main qui les menace. Les sauterelles ne sont guère plus difficiles à saisir. Quant aux guêpes, retenues sans doute par les séductions du verger, elles étaient heureusement assez rares dans la plantation pour n'y pas causer grand dommage.

La panorpe est agile, et nous eussions eu grand'peine à nous prémunir contre son vandalisme, si nous n'avions remarqué que la chrysalide n'excite sa convoitise qu'à sa maturité, c'est-à-dire après sa transformation complète. En détachant donc les cocons avant le temps nécessaire à cette transformation, on retire à la panorpe les moyens de leur nuire.

Mais pour éviter l'excès contraire, qui serait de nuire à la chenille en la dérangeant trop tôt, nous ne faisons cette récolte que lorsque la coque résiste à la pression du doigt, ce qui doit arriver vers le cinquième jour du travail de l'insecte.

Malgré toutes nos pertes, nos éclosions mieux raisonnées, nos éducations plus aérées avaient porté leurs fruits, et le produit de cette troisième tentative s'élevait fin septembre à 11,423 cocons.

Le progrès, cette fois, était sensible ; s'il nous restait encore beaucoup à faire, nous savions du moins à quoi nous en tenir, et sur quels points porter notre attention. Nous pouvions envisager l'avenir avec plus de confiance.

Aux observations générales dont nous venons de donner le résumé, nous avions encore ajouté quelques expériences, toutes concluantes en faveur de l'éducation privée pendant les premiers âges.

Une centaine de buissons n'ayant reçu que des vers parvenus au cinquième âge[1], ont donné près de 4,000

---

[1] Cette expérience avait été faite au moyen de deux nouveaux baquets sur lesquels nous avions pu séparer les âges.

cocons, c'est-à-dire presque autant qu'on avait mis de vers.

Un bel ailante isolé, avec cent vers de tout âge, n'a produit que 49 cocons. Deux gros buissons touffus et confondant leurs branches, chargés également de cent vers des second et troisième âge, n'ont donné que 34 cocons.

Enfin, presque tous les vers transportés pendant la mue ont été perdus ou dévorés, avant d'avoir pu quitter leur vieille enveloppe.

Mais un fait des plus remarquables, et qui s'est reproduit en 1865, c'est que les parties de la plantation dont nous avons obtenu les meilleurs résultats, sont précisément les moins touffues et les plus aérées.

§ 4. — Conservation des cocons.

La récolte faite, tout n'était pas terminé; nous avions encore à prendre certaines précautions contre les éclosions prématurées. Le moyen qui nous avait réussi, l'année précédente, pour quelques centaines, devenait difficile à appliquer, maintenant qu'il s'agissait de milliers de cocons. Une organisation spéciale devenait encore indispensable ici.

L'appareil dont la planche IX, figure 2, représente le dessin répond assez bien à l'énoncé du problème, qui est celui-ci : Loger dans le plus petit espace possible le plus grand nombre de cocons, en ménageant à l'air une circulation suffisante pour la conservation des chrysalides.

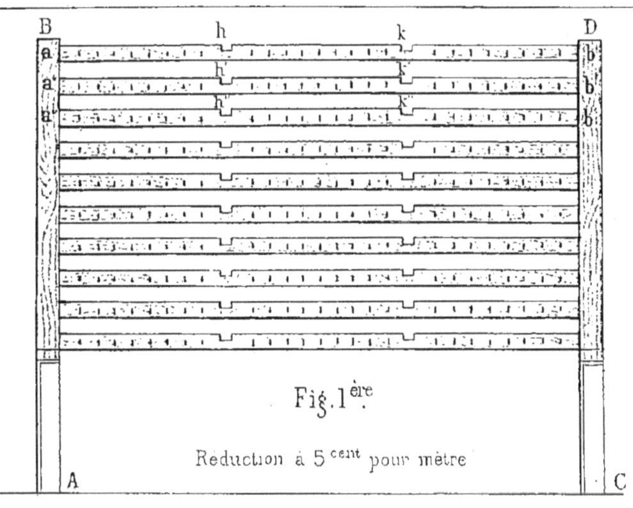

Fig.1ère

Réduction à 5^{cent} pour mètre

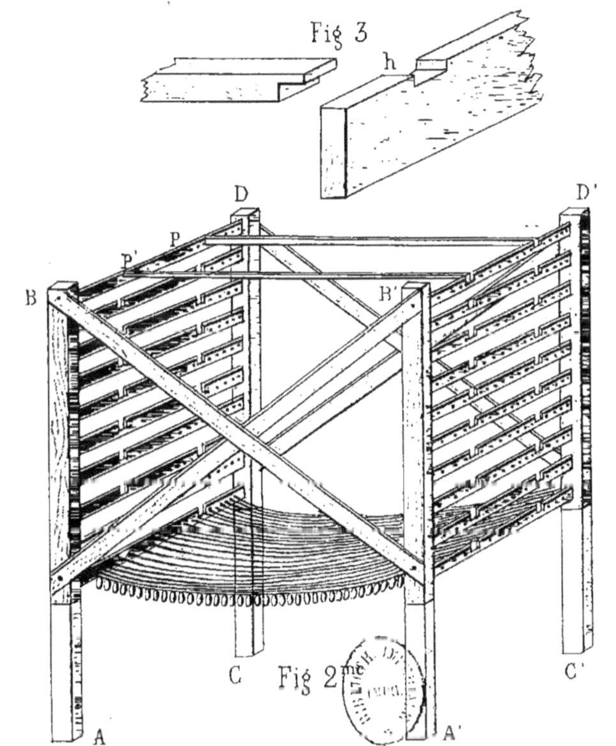

Fig 2me

C. Millon de Montherlant del.

APPAREIL POUR LA CONSERVATION DES COCONS

Deux montants carrés A B, C D, (voir pl. IX, fig. 1re) de 6 centimètres sur chaque face et de 1^m.50 de hauteur, sont réunis par dix traverses $a\,b$, $a'\,b'$, $a''\,b''$ etc., de 0^m.02 d'épaisseur sur 0^m.05 de largeur. Ces traverses sont placées à 0^m.05 les unes des autres à partir du sommet des montants, en sorte que la dernière se trouve à 0^m.55 au-dessus du sol.

Un second châssis, semblable à celui que nous venons de décrire, est maintenu, à 1^m.20 de distance du premier, par deux croix de Saint-André fixées avec quatre grosses vis à bois à la face extérieure des montants, perpendiculairement au plan des traverses.

L'ensemble que représente la figure 2, planche IX, forme une espèce de caisse à claire-voie sans dessus ni dessous, portant 1^m.60 de largeur sur 1^m.50 de hauteur et 1^m.20 de largeur.

Les vingt traverses, qui sont destinées à supporter le poids des cocons, sont en outre maintenues par deux séries d'entretoises mobiles, disposées en deux plans, h,k parallèles aux croix de Saint-André, à 0^m.50 l'une de l'autre et 0^m.45 de chacune des croix.

Ces entretoises $p\,m$, $p'\,m'$ (fig. 2) ne sont pas clouées sur les traverses; elles en maintiennent l'écartement au moyen des encoches h, k, dont la figure 3 donne la forme et l'agencement.

Puis enfin chaque traverse porte vingt cinq petits crochets arrondis fixés à vis sur sa face intérieure.

Les cocons sont suspendus par chapelets de cent aux petits crochets dont nous venons de parler, en sorte que les dix étages de traverses peuvent en porter vingt-cinq mille.

Ajoutons enfin que les pieds de l'appareil sont entourés de zinc jusqu'à la hauteur des premières traverses, pour éviter les visites importunes des rongeurs qui pourraient peut-être trouver nos chrysalides un peu trop à leur goût.

Nos cocons ainsi casés et placés dans le bas cellier dont il a été question plus haut, se sont parfaitement conservés; nous avons bien eu quelques éclosions prématurées, mais dans une proportion presque insignifiante, et encore n'ont-elles été, croyons-nous, que la conséquence d'un retard dans la construction du nouvel appareil.

§ 5. — Grainage.

Les succès de 1864 nous imposaient de nouvelles études pour 1865. La quantité de reproducteurs que nous avions conservée exigeait absolument un matériel pour le grainage. Nous nous étions jusque-là contenté d'exposer nos cocons dans une pièce fermée. Les papillons sortant de leur coque prenaient leur essor, et nous retrouvions chaque matin sur la muraille les couples unis pendant leurs évolutions nocturnes. Ils étaient alors enfermés dans une petite caisse de bois blanc ouverte par le haut et recouverte d'une de ces toiles claires qui servent au collage des papiers de tenture. Sur les parois de la caisse, les femelles déposaient leurs œufs.

Nous avions obtenu de cette manière les résultats suivants; cent papillons donnaient en moyenne quarante mariages, et de ces quarante mariages nous retirions environ 18 grammes de graine.

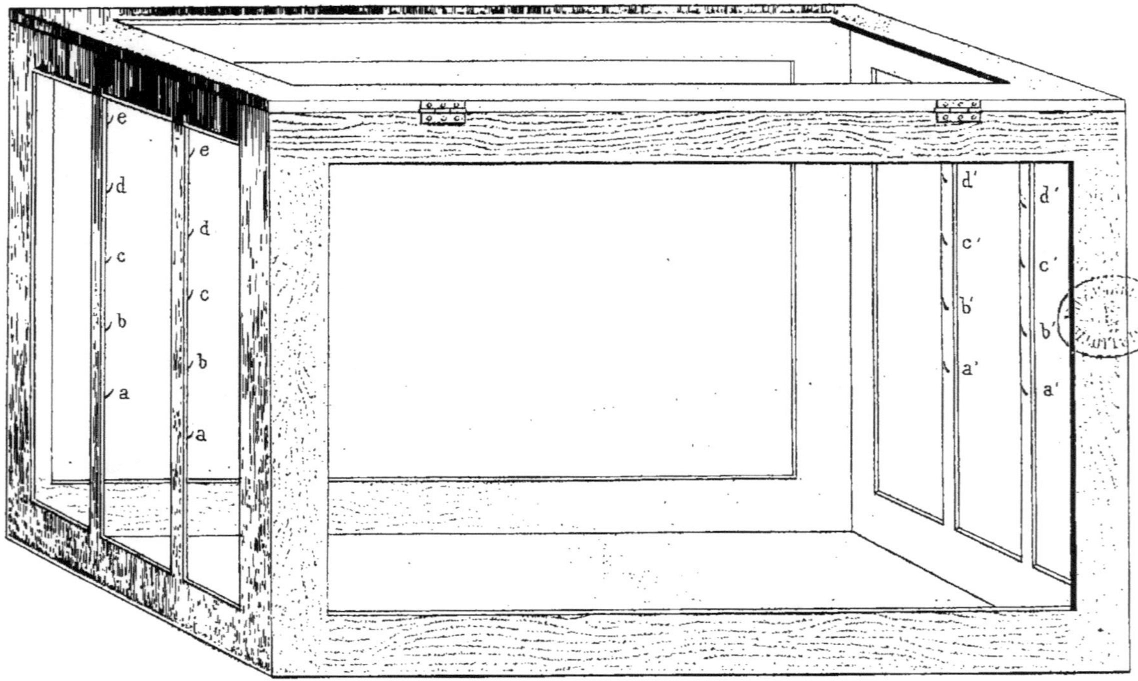

Réduction à 10 cent pour mètre

Imp. Zanote r. des Boulangers, 13, Paris

C. Millon de Montherlant del

CAISSE A PAPILLONS

Nous savons par les calculs de M. Guérin Méneville, et par les pesées que nous avons faites nous-même, qu'un gramme contient à peu près 500 œufs de Bombyx Cynthia. Nous avons également vu, page 35, que la production moyenne d'une femelle pouvait être de 250, soit d'un 1/2 gramme.

D'après ces chiffres, nous devions obtenir avec cent papillons 25 grammes au lieu de 18; on pouvait donc mieux faire. La proportion de quarante mariages au lieu de cinquante sur cent papillons, était en effet peu satisfaisante, et d'un autre côté plusieurs femelles étaient mortes avant d'avoir pu se débarrasser de leurs œufs.

L'observation de M. de Lamote Baracé[1] nous donnait à penser que le défaut d'air pouvait bien avoir été la cause de ces morts prématurées, peut-être même de ce célibat trop fréquent.

Sous l'impression de cette idée, nous avons fait construire de grandes caisses dont les parois en toile claire laissent entièrement libre la circulation de l'air. Nous en donnons le dessin, planche X. La dimension de ces caisses est de 0^m.80 de hauteur sur autant de largeur et 1^m.20 de longueur.

Chaque face, comme le dessus, n'est à proprement parler qu'un cadre sur les bords duquel se tend la toile la plus claire que l'on puisse trouver. Celle dont nous faisons usage est spécialement fabriquée pour défendre les espaliers contre les larcins des petits oiseaux. Sur chaque côté et à l'intérieur, sont placées verticalement deux petites

[1] Voir page 45.

tringles de bois AB, CD, munies chacune de cinq petits crochets à vis semblables à ceux de l'appareil aux cocons. Ces crochets a, b, c, d, e, a', b' c', d', e', fixés à 0m.10 les uns des autres, supportent dix chapelets de cocons, soit mille pour chaque caisse.

La caisse garnie de cette manière vers la fin d'avril, peut sans inconvénient rester sous un hangar ou dans une pièce ouverte. Les papillons ne tardent pas à paraître, et pendant deux mois que dure la transformation des chrysalides, la caisse devient une salle de fiançailles où les mariages sont bientôt préparés et conclus.

Les parois légères et transparentes des caisses dont nous venons d'indiquer les détails, étaient peu favorables sinon à la ponte du moins à la récolte des œufs. Il était prudent d'ailleurs de mettre les jeunes mères à l'abri des agitations dont ces intérieurs étaient chaque nuit le théâtre.

Pour éviter ce double inconvénient, nous avons pensé qu'à chaque caisse à papillons devait correspondre une boîte à ponte, boîte dont nous avons un peu réduit les dimensions pour en rendre l'usage plus commode.

Cette boîte se compose de quatre montants de 0m.57 de hauteur. Sur chacun de ces montants, dont la figure 2, planche XI, donne la coupe horizontale en demi-grandeur naturelle, sont taillées sur deux faces perpendiculaires deux rainures a, a'. Deux autres montants carrés portent également sur deux faces parallèles deux rainures p, p' (fig. 3, pl. XI), de même calibre que les premières.

La figure 1re, planche XI, qui donne la coupe horizontale de la boîte, indique suffisamment la disposition de ces six montants assemblés à leurs extrémités par les traverses H, H', H'', H'''.

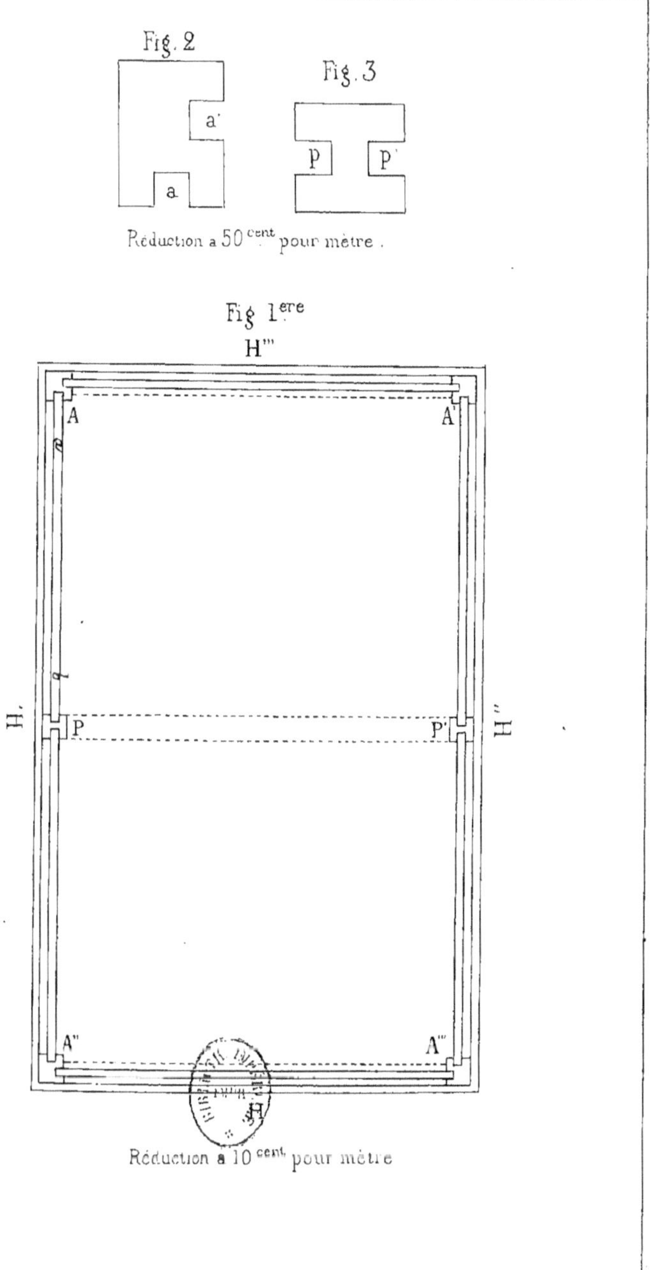

H. Givelet del.

DÉTAILS D'UNE BOITE A PONTE

BOITE A PONTE MONTÉE

Le fond de la boîte porte en outre trois traverses rainées A A', P P', A" A"', clouées perpendiculairement aux six montants verticaux.

Dans les rainures des montants A et P glisse un cadre *ab* de 0^m.52 de haut sur 0^m.45 de large dont la bordure est seulement de 0^m.05. Le milieu est rempli par un canevas cylindré et assez fort. Il en est de même des cinq autres panneaux. Dans les rainures du fond passent deux planchers de bois blanc, mobiles comme les cadres.

Enfin la caisse se ferme par un couvercle sans charnières, mais également à panneaux mobiles et à rainures horizontales comme celles du fond, coupées de manière à s'emboîter exactement entre les points A A', P P', A" A"'. La planche XII représente la boîte montée et rend tous ces détails plus faciles à saisir.

Grâce au canevas des quatre côtés et du dessus, qui n'arrête pas la circulation de l'air, tout en présentant assez de résistance pour qu'on puisse sans peine en détacher les œufs, ces boîtes remplissent parfaitement leur but. Elles réunissent en outre à ces avantages celui d'être d'un usage pratique pour le récolement des graines, toutes leurs pièces se démontant avec la plus grande facilité.

L'honneur en revient à M. le comte de Lamote Baracé. Un petit modèle d'une boîte à coulisses envoyé par cet intelligent sériciculteur à M. Guérin Méneville, nous a donné l'idée d'étudier le système dont nous avons seulement simplifié l'exécution.

Vers la fin d'avril 1865, un véritable atelier de grainage attendait l'avénement des papillons. Il se composait de neuf caisses et de dix boîtes à ponte. Nous verrons plus loin, dans les instructions pratiques, l'utilité de cette dixième boîte à ponte pour la manutention des femelles.

Dans chaque caisse à papillons se trouvaient suspendus aux petits crochets à vis dont nous avons parlé, mille cocons enfilés par centaines. On avait pris soin de conserver à ces cocons suspendus la position qu'ils avaient sur l'arbre, c'est-à-dire l'orifice à la partie supérieure. On avait également veillé à ce que le fil qui porte le cocon, soit placé de manière à ne pas obstruer le passage du papillon, ce qu'on obtient facilement en passant ce fil dans cette espèce de cordon qui se relie au pédoncule de la feuille, et dans lequel on ne court aucun risque d'endommager la soie.

Le 2 mai, nos papillons commençaient à sortir, et le 24 juin, un temps d'arrêt dans l'éclosion, produit sans doute par un léger abaissement dans la température, nous permettait de juger de la production.

714 papillons nous avaient donné 152 grammes de graine, soit en moyenne 21 grammes pour cent papillons, amélioration notable sur les chiffres de l'automne précédent. Nous avions cependant toujours parmi les morts quelques feuilles remplies d'œufs, et même des couples n'ayant pu se séparer avant de mourir.

Par une expérience faite à part, nous avions acquis la preuve que les assiduités des mâles allaient au delà de ce qui est nécessaire pour la reproduction, et nous en avions conclu que leur présence devenait, après la fécondation des femelles, plus nuisible qu'utile.

Une femelle de taille moyenne sortie du cocon le 28 mai, séparée artificiellement du mâle, le matin du 29, et mise immédiatement à part, nous avait donné, le 3 juin, 300 œufs pesant ensemble 65 centigrammes.

Encouragé par ce succès, nous avons, à partir du 7 juin, séparé chaque matin toutes les femelles des couples et mis les mâles en liberté. Le 6 juillet, époque à laquelle les éclosions cessèrent entièrement, nous avions obtenu depuis le 20 mai 5,159 papillons et nous avions retiré des boîtes à ponte 1,240 grammes de graines, soit alors 24 grammes par 100 papillons.

Mais de 20 p. 100 qu'il était auparavant, le nombre des célibataires était descendu à 6 p. 100 seulement. C'est-à-dire que 100 papillons avaient formé 47 couples.

Or si de 47 mariages nous avons retiré 24 grammes, 50 mariages nous auraient produit en suivant la même méthode 255 décigrammes, c'est-à-dire 5 décigrammes de plus que la moyenne des calculs de M. Guérin Méneville. Nous sommes donc arrivé, tant par la séparation des sexes que par la disposition du matériel, à la plus grande production que l'on puisse espérer.

Il y a lieu de remarquer ici la disproportion sensible qui existe entre le nombre des cocons conservés et le chiffre des papillons éclos. Des 11,423 cocons récoltés en 1864, 2,300 avaient été, par l'entremise obligeante de notre savant professeur, expédiés en Grèce ; les autres dans les colonies ; quelques autres donnés ou éclos prématurément avaient réduit le chiffre de notre réserve à 9,000 et de ces 9,000 chrysalides, 5,873 seulement étaient sorties en papillons.

Cette perte peut peut-être s'expliquer par les considérations suivantes. Notre salle de grainage n'avait d'autres ouvertures que deux fenêtres au couchant, sans volets ni persiennes. Des stores de toile verte épaisse formaient la seule barrière que nous puissions opposer aux rayons du soleil. Nous ne pouvions donc, par la chaleur torride de 1865, laisser ces fenêtres ouvertes autrement que la nuit. Il en résultait que les heures où la circulation de l'air eût été nécessaire, étaient précisément celles où l'on ne pouvait l'établir.

Dans cet état de choses la température de cet intérieur a bien pu, certains jours et notamment le 2 juillet où elle a été tout à fait exceptionnelle, dépasser le nombre de degrés que peuvent supporter ces chrysalides. Nous sommes tellement persuadé que la véritable cause de notre perte est là, que nous cherchons en ce moment les moyens d'établir la circulation de l'air, pour éviter à l'avenir une pareille aventure.

§ 6. — Eclosions.

Le moment arrivait, cependant, de vérifier par la pratique les observations des années précédentes et les conclusions qu'on en avait tirées. Les œufs de nos premiers papillons nous permettaient de remplir les demandes de graines qui nous étaient adressées, et que nous acceptions avec d'autant plus de plaisir qu'un contre-temps fâcheux retardait la végétation de nos arbres.

Une gelée aussi subite qu'inattendue avait détruit dans la nuit du 30 avril au 1er mai toutes les jeunes pousses de nos ailantes qui n'étaient recepées, comme nous l'avons dit plus haut, qu'à 0m.40 du sol. Deux lignes seulement, entièrement rabattues à titre d'essai et qui se trouvaient, pour cette raison, moins avancées que le reste, avaient, été préservées. Disons, en passant, que la supériorité que ces jeunes arbres ont conservée sur les autres pendant toute la saison, nous a fait conclure en faveur du recepage complet, surtout pour la vallée de la Seine où les gelées tardives ne sont que trop fréquentes.

Cet accident nous avait donc fait ajourner au 2 juin les éclosions de nos vers. Notre matériel, pour cette quatrième éducation, s'était considérablement accru.

D'abord, pour éviter le mélange des âges, nous avions 20 baquets du modèle dont nous avons donné la description, page 46. Puis, la lecture d'un petit Manuel Japonais sur l'éducation des vers à soie du chêne, nous avait donné l'idée d'y joindre, pour l'éclosion de nos vers, un nouvel appareil aussi simple qu'utile.

Une petite tablette de bois blanc, de $0^m.40$ de long sur $0^m.10$ de large, est élevée sur quatre petits pieds de manière à n'avoir, son épaisseur comprise, que 9 centimètres de haut. Un léger rebord de 2 millimètres suffit pour y retenir les 50 grammes de graines qu'on y peut étaler.

Cette petite tablette (voir pl. VII, fig. 2) est placée sur le baquet de zinc et entourée de feuilles d'ailantes piquées dans le couvercle. Sa hauteur est calculée de manière à laisser une foliole reposer sur les œufs.

Au sortir de la coque, les nouveaux nés peuvent donc s'installer eux-mêmes sur la feuille qui doit les nourrir. Après vingt-quatre heures de séjour sur un baquet, la petite tablette passe au baquet suivant, et ainsi de suite jusqu'à l'entière éclosion des graines qu'elle contient.

Plusieurs tablettes peuvent être employées simultanément sur le même baquet.

Tout cet attirail peut, sans rien craindre, rester sous un hangar ou dans une pièce basse ouverte. L'éclosion s'y fait dans les meilleures conditions, et les jeunes vers n'ont pas à souffrir des manutentions, qu'exigeaient les boîtes employées jusque-là.

Grâce à cette installation, l'éducation de 1865 nous a donné d'excellents résultats, non-seulement par le nombre des cocons récoltés, mais surtout par les études que nous avons pu faire. L'énorme quantité de graines dont nous avions à disposer, dépassant de beaucoup les ressources qu'offraient nos plantations, nous laissaient à risquer, et les occasions ne nous ont pas manqué.

D'abord, l'administration des chemins de fer de l'Est, comprenant l'utilité de nos essais, voulut bien mettre à notre disposition tous les ailantes plantés sur ses bordures.

Un peu plus tard, l'exposition des insectes et la bienveillance de Madame Guérin Méneville nous donnaient, au Palais de l'Industrie, les moyens de comparer à nos éducations extérieures une éducation interne, sous une température que l'on ne retrouve que dans les régions équatoriales[1].

Enfin la longueur exceptionnelle de la belle saison nous laissait faire à l'automne de nouvelles et curieuses expériences.

Cette quatrième campagne séricicole se divise en quatre

[1] Pendant toute la durée de l'Exposition, nos vers y ont été nourris avec des feuilles envoyées régulièrement de l'Ecole d'ailanticulture de Joinville-le-Pont, par les soins obligeants de Madame Guérin Méneville.

périodes distinctes, dont nous allons analyser successivement les faits.

§ 7. — Éducation de 1865.

La première de ces quatre périodes, qui comprend
l'exploitation du parc de Flamboin par les procédés que
nous venons de décrire, s'est passée avec beaucoup de
régularité.

Eclos, comme nous l'avons dit, le 2 juin, les vers du
premier baquet entraient le 9 dans leur second âge, le 16
dans le troisième et le 22 dans le quatrième. Portés alors
sur les arbres, ils sortaient le 29 de leur dernier sommeil,
et commençaient le 8 juillet les premiers cocons. La population du second baquet éclose le 3, suivait à un
jour près les phases du premier, et tout se passait de
même pour les autres jusqu'au vingtième baquet[1].

Le 14 août, nous pouvions envoyer à Paris, pour l'ouverture de l'Exposition, 26,000 cocons récoltés qui n'é-
taient encore qu'une faible partie de ce que portaient
nos arbres. Mais avec ces cocons partait également la
gardienne de nos vers, chargée du soin de tout ce qui
faisait partie de l'expédition. A part quelques milliers de
cocons recueillis de temps à autre quand les travaux de

---

[1] Le quatrième âge ne commençant que le vingtième jour à partir de
l'éclosion, nous avons encore reconnu l'insuffisance de notre matériel et la
nécessité de le porter à vingt-quatre baquets. Nous avions heureusement
pu, grâce à quelques éclosions moins importantes que les autres et grâce
surtout à la dimension de nos appareils, parer à cette insuffisance en di-
visant le produit de deux jours sur le même baquet.

la saison laissaient quelques loisirs, il nous fallut attendre la fin de l'Exposition pour finir la récolte. Pendant tout ce temps, nos ennemis travaillaient. Le soleil lui-même conspirait contre nous, hâtant par ses ardeurs la transformation des dernières chrysalides.

Il nous serait difficile d'apprécier la perte causée tant par les panorpes que par les éclosions anticipées. Qu'il nous suffise de dire que, le 3 novembre, nous retrouvions encore, dans une recherche faite avec M. Guérin Méneville, jusqu'à dix-huit cocons percés sur le même arbre. De ce que promettaient encore nos ailantes au 14 août, 13,822 cocons intacts furent tout ce qu'on put sauver.

Mais de l'Exposition fermée le 18 septembre, nous avions rapporté de nouvelles graines avec lesquelles nous avons voulu tenter une seconde éducation, malgré l'époque avancée de la saison. Écloses du 15 au 20 septembre, nos jeunes chenilles nous produisirent encore 3,300 cocons qui, réunis aux premiers, forment un total de 43,122. Comparé à celui de 1864, ce chiffre est encore satisfaisant; il eût été bien supérieur avec des soins plus assidus et surtout une récolte plus prompte.

Soit que la destruction de l'année précédente les ait rendues plus rares, soit que, comme d'autres coléoptères, les coccinelles ne parviennent qu'en plusieurs années à l'état d'insecte parfait, nous en avions moins souffert. Les guêpes ne s'étaient pas non plus montrées bien redoutables. Nos plus dangereux voisins avaient été les loriots et les coucous. Ces derniers surtout avaient exigé de nous la plus sérieuse attention.

Mais si nous vouons ces terribles dévastateurs à toutes les vengeances de nos collègues en sériciculture, nous pouvons par contre en innocenter d'autres et d'abord la linotte. Deux jeunes familles de ces charmants chanteurs, se sont élevées dans les branches de nos buissons, où leurs nids étaient encadrés de vers et de cocons. Nous n'avons pas trouvé qu'une seule de ces chenilles nous manquât à l'appel.

Nous avons encore été plus étonné de voir la pie, que l'on sait si friande de la larve du hanneton, dédaigner absolument nos vers. Maintes et maintes fois nous l'avons observée sur nos arbres et n'avons jamais vu qu'elle fît le moindre tort.

Un habile éducateur des Ardennes, M. Frérot, propriétaire à Aussonce, qui s'occupe avec beaucoup de zèle des nouveaux vers à soie et surtout des arbres qu'ils peuvent utiliser, ayant obtenu des cocons du Cynthia sur le faux ébénier, nous avons tenté la même expérience. Notre résultat laisse beaucoup à désirer. Quelques cocons fort rares sont venus à bonne fin, mais la croissance des vers est beaucoup plus lente sur cet arbre qu'elle ne l'est sur l'ailante. Nous avons vu d'ailleurs que peu de vers supportent bien cette nourriture. Nous en avons conclu qu'à moins de circonstances exceptionnelles comme, par exemple, le manque de feuilles, il n'y aurait jamais grand avantage à nourrir au cytise le Bombyx Cynthia.

Une autre expérience non moins intéressante a porté plus de fruit. Si nous considérons l'éducation privée des premiers âges comme une mesure nécessaire à la petite culture, nous prouverons plus tard qu'il n'en est pas de même pour les plantations d'une certaine importance. Le matériel suffisant pour alimenter plusieurs hectares serait, d'ailleurs, non moins dispendieux qu'embarrassant.

Il est plus simple, en ce cas, de tourner la difficulté en faisant à l'avance la part du feu. Si l'on sait par expérience qu'en déposant sur les arbres des vers tout récemment éclos, on doit en perdre le quart, le tiers, la moitié même, rien n'empêche de compenser à l'avance, avec un peu plus de graine, la perte présumée.

Mais il faut pour cela que les années se ressemblent, que les causes de destruction restent toujours les mêmes, que les pertes, en un mot, soient constantes. Et nous savons déjà qu'il n'en est point ainsi. Dans les quatre éducations dont nous faisons l'histoire, nous voyons au contraire le nombre et la nature des accidents varier chaque année. Les pertes par là même devront varier aussi, et si les trois fléaux qui nous menacent, si les insectes, les oiseaux et les maladies nous jouent une fois le tour de nous enlever moins que nous n'avons prévu, tout est anéanti. Nos arbres sont insuffisants pour nourrir ce qui reste et la trop grande prospérité devient, sans remède, le plus grand des désastres.

En observant toutefois ce qui se passe chaque jour sous nos yeux, en remarquant que les jeunes chenilles que nous rencontrons à chaque pas sont toujours réunies en groupes nombreux et serrés, nous nous sommes demandé pourquoi nous n'imiterions pas la nature en groupant aussi les nôtres.

Consacrant donc à cet essai quelques-uns de nos arbres, nous avons installé sur la même touffe un nombre considérable de jeunes vers. Trois jours après, l'arbre était à peu près dévoré. Coupant alors les feuilles en tronçons de trois à quatre paires de folioles ou plutôt de restes de folioles, nous les avons placées sur deux arbres voisins du premier. Trois jours plus tard, même cérémonie sur les quatre suivants, et ainsi de suite en augmentant à chaque changement le nombre de ces arbres, en proportion de la grosseur des chenilles. Enfin, ces dernières ayant atteint leur quatrième âge, ont été réparties sur toute la planta-tion qui leur était réservée, en mesurant à chaque touffe la quantité de vers qu'elle pouvait recevoir.

Nous avons ainsi paré au danger de conserver plus de vers que nous n'en pouvions alimenter, et cette première tentative de grande culture a été couronnée de succès. Il est vrai que portant sur quelques ares seulement, les pertes ont été plus sensibles, surtout aux premiers âges. Mais ces pertes diminuant, à mesure que les chenilles devenaient plus fortes, nous ont relativement consommé peu de feuilles, et la moyenne de production de nos ar-bres serait encore à peu près la même, en opérant ainsi, qu'avec l'éducation privée. La seule différence porte sur la quantité de graine employée, question bien secondaire, en présence des ressources qui sont au-jourd'hui dans nos mains.

Ajoutons cependant tout de suite, bien que nous ne puissions le prouver que plus tard, qu'avec ce système, le succès n'est possible qu'autant que l'on opère sur un ter-rain vaste et bien entretenu.

§ 8. **Essais sur les plantations des chemins de fer de l'Est.**

L'essai dont nous venons de parler se trouvait en bonne voie, quand l'administration des chemins de fer de l'Est vint généreusement ouvrir un champ plus large à nos expériences.

La saison malheureusement s'avançait, et les plantations de la compagnie n'avaient pas reçu les soins que demande une exploitation séricicole. La plupart même étaient encore trop jeunes et trop faibles pour être utilisées. Mais si tout cela ne nous promettait pas de brillants succès, nous étions bien certain d'y trouver de précieux éléments d'étude. Quatre plantations, dont deux assez cl.étives, nous parurent en état de nourrir quelques vers.

La première placée près de la station de Gray, dans le département de la Haute-Saône, était une assez longue bande de terre de trois à quatre mètres de largeur, semée à la volée pour servir de pépinière. Un certain nombre de plants en avaient été extraits pour être repiqués sur d'autres points de la ligne, et ceux qu'on y avait laissés n'étaient pas les uns des autres à plus de $0^m.25$ à $0^m.30$. Les tiges, dépourvues de feuilles jusqu'à $0^m.50$ ou $0^m.60$ du sol, se perdaient dans les hautes herbes dont le terrain était rempli. Dans ces conditions, la végétation avait peu d'activité; aussi les folioles de ces jeunes arbres n'étaient-elles guère plus larges que celles des hautes tiges.

A quelques lieues de là, près de la station de Champlitte, sur la ligne de Gray à Chalindrey, se trouvait une autre plantation formée des sujets tirés de la première. Ces jeunes plants n'ayant point été recepés, étaient encore plus chétifs, mais le terrain labouré récemment était débarrassé des herbes parasites.

A Troyes, dans une tranchée creusée pour le chemin de fer à travers un faubourg, des rejetons d'ailantes provenant de jardins aliénés au profit de la voie, nous offraient plus de ressources comme feuillage. Ils nous eussent même laissé de grandes chances de succès si, mélangés à des acacias et à quelques autres arbustes, ils n'avaient été comme la pépinière de Gray perdus dans les gazons.

Enfin la quatrième plantation comptait, près de la gare de Barberey, 400 pieds de deux ans que le défaut de recepage laissait fort languissants; mais là, comme à Champlitte, le sol avait reçu des soins.

Le 6 juillet, nous faisions éclore dans la maison d'un chef d'équipe de la voie, à quelques pas de la pépinière de ·Gray, quelques grammes de graine tellement avancée que la plupart des œufs avaient donné leurs vers. Les jeunes chenilles étaient éparses sur les parois de la boîte qu'il nous avait fallu transporter la veille par une affreuse chaleur. Nous n'avions à notre disposition ni hangar ni baquet; il nous fallait donc recourir au système primitif des bouteilles.

Malgré l'état de la graine, l'éclosion se fit assez bien; le 9 les vers étaient dehors. Le 12, on m'annonçait qu'il en restait à peine un dixième. Le reste avait disparu, les uns à la suite d'un orage des plus violents survenu quelques heures à peine après leur sortie, les autres enlevés sans doute par les insectes terrestres. C'est à peine si le 18, nous en pouvions encore retrouver quelques-uns.

M. Gouyer, chef de section à Langres, qui veut bien suivre nos essais et les seconder avec autant de zèle que d'intelligence, nous offrit alors de faire nettoyer le terrain pour un nouvel essai. Nous n'avions plus de graines, mais nous avions encore à Flamboin des vers qu'on pouvait transporter. M. Gouyer voulut venir lui-même les y chercher le 22 juillet. Le 23, à neuf heures du matin, il partait avec 1,200 vers environ sortant du quatrième âge et bien installés dans un fourgon sur le couvercle de leur baquet, ce couvercle posé sur deux légers tréteaux, que nous reverrons plus loin aux instructions pratiques.

Cette expérience dépassa nos espérances. Le 28 juillet, nous recevions de notre dévoué collaborateur la lettre suivante :

« Les vers que j'ai rapportés de Flamboin sont dans un
« état de prospérité très-satisfaisant. Ils ont cependant eu
« un peu à souffrir des cahots que leur donnait la grande
« vitesse et qui les jetaient par terre. Je les ai accompa-
« gnés depuis Troyes dans le fourgon et, avec l'aide du
« chef de train, nous avons passé notre temps à les repla-
« cer sur les feuilles. A Troyes et à Langres, je leur ai
« procuré quelque soulagement en allant leur cueillir des
« feuilles fraîches sur lesquelles ils se sont jetés avec em-
« pressement. »

« A Chalindrey, le piqueur Leniept a pris les mêmes
« soins jusqu'à Gray, où il a immédiatement distribué les
« vers sur les arbres de la pépinière. Les deux tiers sont
« montés immédiatement sur les feuilles ; les autres, sans
« doute encore en changement de peau, sont restés sur
« les feuilles sèches pendant près de 48 heures. Aujour-
« d'hui tous se portent bien et plusieurs ont déjà com-
« mencé à filer. »

« Vous pouvez donc, Monsieur, compter sur une réus-
« site complète ; vous jugerez, du reste, des résultats obte-
« nus quand vous voudrez bien nous faire le plaisir de
« les visiter, ce que vous m'avez promis pour la semaine
« prochaine. »

Le 7 août suivant, nous pouvions en effet vérifier nous-même à Gray le succès annoncé par M. Gouyer, qui de nos 1200 vers put conserver 1020 cocons.

A Champlitte, les choses avaient pris une tout autre tournure. L'éclosion s'était opérée le 6 juillet avec les mêmes procédés qu'à Gray. Les jeunes vers avaient immédiatement été déposés sur les arbres. Le premier âge s'était passé sans encombre; l'orage du 9 juillet n'avait atteint personne, les jeunes vers étant assez installés pour en supporter la violence. Au second âge, les fourmis et les araignées commencèrent à paraître et à faire des ravages. Un peu plus tard, les insectes volants et les oiseaux à leur tour prélevèrent aussi leur part, un peu forte sans doute, car la récolte ne dépassa pas une centaine de cocons. Il est vrai de dire que les plants étaient si faibles, que la longueur des plus hautes tiges ne dépassait guère 0^m.75, et que, s'il était resté beaucoup plus de vers, ils eussent couru le risque d'être pris par la famine.

A Troyes, après un premier ensemencement de jeunes vers perdus, comme à Gray dès les premiers jours, nous avons encore reconnu la nécessité de n'opérer qu'avec des vers adultes, l'état du sol ne permettant guère d'autres essais. La plantation fut donc couverte, le 24 juillet, d'un millier de chenilles sortant du troisième âge. Mais au moment même où nous les faisions déposer sur les arbres, les guêpes apparaissaient et tombaient sur leur proie. La présence de pareils auxiliaires nous semblait être d'un triste augure pour notre entreprise, lorsque nous aperçûmes plusieurs pieds de fenouil bâtard, *anethum graveolens* des botanistes, couverts de ces terribles parasites. Le piqueur de cette section, M. Leclerc, les fit bien vite enlever pour débarrasser nos vers d'un si dangereux voisinage. Malgré cette précaution, les pertes furent encore assez considérables, car on n'obtint que 540 cocons, soit environ moitié du nombre de vers posés, résultat qui s'explique aussi bien par cet incident que par l'état du terrain et la disposition des arbres.

La plantation de Barberey n'avait reçu que des vers du second âge apportés de Flamboin le 8 juillet. Pendant les huit premiers jours, on n'a pas remarqué de perte sensible ; mais la seconde semaine, quelques guêpes ont paru et enlevé quelques vers, jusqu'au moment où l'on put trouver et détruire leurs nids, voisins de la plantation. Il restait encore, malgré cet incident, un nombre de chenilles suffisant pour la consommation des feuilles, quand plusieurs coucous découvrirent le trésor et le pillèrent à l'envi. Ils eurent toutefois la délicatesse d'en laisser pour la graine cent et quelques-uns qui devront fructifier, car ils sont dans les mains de plusieurs amateurs étrangers ou agents de la Compagnie, curieux de voir de près cette nouvelle importation[1].

Les résultats de ces quatre expériences, sans importance quant au produit, sont d'un grand intérêt au point de vue de l'étude. En comparant, page 42, les deux premières éducations de Flamboin, nous faisions ressortir ce fait que, dans l'une, les jeunes vers n'avaient souffert aucun dommage pendant les premiers jours, tandis que, dans l'autre, ils avaient presque subitement disparu.

---

[1] Ces essais étant surtout destinés à propager cette exploitation, en la faisant connaître aux populations riveraines ou voisines de la ligne, nous avions autorisé les agents de la Compagnie à distribuer, soit des graines, soit des vers à toutes les personnes qui en feraient la demande. On voit que nos instructions ont été bien suivies. Espérons donc qu'elles porteront quelques fruits.

Nous venons de voir le même phénomène se renouveler simultanément sur les plantations du chemin de fer. A Champlitte et à Barberey, le premier cas se présente; le second, dans les deux autres stations. Là où le sol est remué, nos chenilles sont huit jours sans trouver d'ennemis; où le sol est inculte, elles y sont à l'instant détruites ou dévorées.

Cette observation nous a rappelé qu'en 1861 le désir de voir prospérer nos jeunes ailantes nous avait si bien fait entretenir notre petite plantation, qu'aucune herbe parasite n'avait le temps d'y paraître, et que les mêmes soins renouvelés en 1862 avant d'y placer nos premiers vers, avaient conservé le sol dans un très-bon état.

En 1863, nos plants ayant assez de force pour se défendre eux-mêmes, nous avions pris ces soins pour un luxe inutile, et l'herbage en avait largement profité.

La conclusion est facile à tirer : avec les binages, pertes insignifiantes pendant les premiers âges; sans les binages, désastre immédiat et désastre complet.

La nécessité d'entretenir la propreté du sol par une culture soignée est donc par cela même bien nettement établie.

Ce qui mérite encore toute notre attention, c'est que, dès la seconde semaine, à Champlitte comme à Barberey, les bienfaits du binage cessent de se faire sentir, et les ennemis reparaissent. Ce fait, qui s'explique par le peu de largeur de ces plantations et le défaut d'entretien des terres qui les avoisinent, prouve combien il sera difficile de réussir sur une petite culture, si l'on veut supprimer l'éducation privée pendant les premiers âges.

Nous aurons à voir un peu plus loin comment toutes

ces expériences se sont encore complétées à l'automne ; le moment est venu de suivre nos cocons au Palais de l'Industrie.

§ 9. — Exposition des insectes.

Nous avions emmené, le 14 août, les 26,000 cocons vivants dont nous avons parlé plus haut, et nous y avions joint, grâce à la complaisance d'un de nos collègues en sériciculture, des vers des trois derniers âges [1].

Ceux qui ont visité l'exposition des insectes peuvent se rappeler que la salle mise à la disposition de la Société d'apiculture pour cette circonstance, était située au premier étage de la galerie méridionale du Palais, à l'ouest de la partie consacrée aux produits de l'Algérie. Mais, moins heureux que les palmiers et les bambous d'Afrique, qu'ombrageaient de nombreuses toiles suspendues aux vitrages, nos insectes n'avaient rien qui pût les garantir des rayons du soleil. Aussi la température était-elle excessive.

Les premiers jours furent terribles et tout y passait, si nous n'avions eu la pensée d'arroser nos malheureuses chenilles avec une branche trempée dans l'eau fraîche. Cette hydrothérapie, employée d'heure en heure pendant la journée, réussit à merveille et devint bientôt un tel bésoin pour nos vers, que la femme chargée de leur donner

---

[1] Nous n'avions plus, à cette époque, que des vers du cinquième âge. M. Cazellas, de Troyes, a bien voulu nous offrir 1.500 vers environ des âges précédents.

des soins pouvait juger à leur attitude de l'opportunité
de cette opération.

Ces douches bienfaisantes ne nous empêchèrent pas de
perdre les quatre cinquièmes de ce que nous avions ap-
porté, car, sur 2,000 vers environ, 400 seulement parvinrent à former des cocons et des cocons si petits, que,
comme nous avons eu déjà l'occasion de le dire, ils repré-
sentaient à peine, en volume et en poids, le tiers de nos
cocons du parc.

La chaleur n'avait pas eu moins d'influence sur nos
26,000 chrysalides, dont les deux tiers environ s'étaient
promptement transformées en insectes parfaits à la
grande joie des collectionneurs de papillons, qui trouvaient dans la salle une chasse abondante et facile.

Une immense quantité d'œufs et de chenilles y furent
nécessairement perdus, bien que notre gardienne eût
l'ordre d'en donner à tous ceux qui témoignaient le désir
d'en enlever. Mais les demandes étaient loin d'absorber
de pareilles ressources.

L'effet de cette atmosphère sur la vie des larves, sur la
dimension des cocons, sur la transformation des chrysalides, est encore une preuve bien claire de l'origine du
Cynthia qui est bien le ver à soie des climats tem-
pérés.

§ 10. — Éducation d'automne.

Cependant l'été se prolongeait de manière à nous en-
courager à de nouveaux essais, et nous laisser le temps
d'utiliser quelques graines provenant des pontes antici-

pées. Une certaine quantité d'œufs rapportés dans ce but, furent donc mis à l'éclosion dans la première quinzaine de septembre.

Le jour même de leur naissance, les vers qui en sortirent furent consacrés à une épreuve qui devait confirmer ou démentir notre théorie sur l'effet du binage.

On reconnaît aux poules une perspicacité sans égale pour trouver et détruire les insectes qui courent à la surface du sol. Les terrains qu'elles fréquentent sont donc purgés de tous ces parasites, qui ne peuvent, si petits qu'ils soient, échapper à l'œil perçant de ces gallinacées. A cette éminente qualité, la poule en joint une autre non moins précieuse à nos yeux, en montrant pour nos vers une réelle aversion. Disons en passant que la dinde ne partage pas les mêmes sentiments, et que ce serait commettre une imprudence grave que de lui confier la garde d'une éducation. Et cela dit, revenons à notre épreuve.

Plusieurs buissons d'ailantes, plantés depuis trois ans, se trouvent sur un terrain livré à la basse-cour. L'un d'eux, complétement isolé, portait à ce moment trois fortes tiges et pouvait nourrir environ 30 vers. Autour de lui, le sol, gratté par la volaille, fouillé dans tous les sens, était par conséquent parfaitement nettoyé.

Sur ce buisson fut attachée, le 15 septembre, une feuille prise parmi celles qui entouraient la tablette d'éclosion, et sur laquelle nous avions compté 54 jeunes vers éclos le matin même. Nous avions fait, on le voit, la part des accidents. Le 15 octobre, l'arbre était presque entièrement dépouillé, et les 54 vers se portaient à merveille. Déménagés au plus vite et replacés à quelques mètres de là sur deux autres plants, ils nous donnaient, dix jours plus tard, 54 cocons magnifiques, bien supérieurs en volume et en poids à ceux que nous avions obtenus pendant les chaleurs.

Il serait donc possible que les poules devinssent pour nos exploitations des auxiliaires sérieux, et qu'il y eût avantage, dans de grandes plantations, à faire usage du poulailler mobile employé par M. Giot dans un but analogue. Les perdrix peuvent également nous rendre le même service; on fera toujours bien de prendre des mesures pour les multiplier.

Les autres vers de la même éclosion avaient été conservés sur des baquets, dans la crainte qu'une gelée hâtive ne vînt, comme l'année précédente, enlever nos feuilles dans les premiers jours d'octobre. Leur croissance, moins rapide qu'au dehors, s'était prolongée jusqu'aux premiers jours de novembre. Nos arbres s'étaient heureusement conservés jusque-là, et tout nous réussit.

Le résultat de cette dernière éducation fut donc de 3,246 cocons d'une teinte beaucoup plus foncée que les autres. Il est constant que la lumière du soleil exerce une grande influence sur la nuance de la soie. Les cocons obtenus à l'abri du soleil sont toujours très-foncés; ceux au contraire qu'on recueille au dehors sont d'autant plus pâles que les jours sont plus grands.

Les transformations prématurées des chrysalides, qui s'étaient opérées pendant l'été au sein même de la plantation, avaient repeuplé quelques arbres, et nous suivions avec le plus vif intérêt les progrès de ces jeunes chenilles dans l'espoir d'y trouver encore quelque sujet d'observation; mais ces reproductions naturelles étaient malheureusement trop tardives pour nous donner des résultats complets avant la chute des feuilles, et nous n'y avons pu voir qu'une nouvelle preuve d'acclimatation.

Enfin, la quantité considérable de graines que nous avions à l'automne, graines qu'il nous fallait laisser perdre puisqu'il nous manquait à la fois et le temps et les feuilles pour les utiliser, nous a fait rechercher si l'on ne pourrait pas conserver l'hiver les œufs du Cynthia.

Nous avons commencé par les recueillir et les placer à la cave le jour même de la ponte; nous avons échoué complétement. Nous nous sommes alors rappelé que les fils de laine peignée sont à l'abri des piqûres de vers si l'on peut les soustraire à la lumière du jour. On obtient ce résultat en tapissant les caisses qui les renferment de plusieurs épaisseurs de ce papier brunâtre, connu dans le commerce sous le nom de *papier goudron*.

Nous avons pensé que si les œufs déposés sur la laine par ces petits papillons gris, si redoutés de nos ménagères, ne peuvent éclore dans une obscurité complète, il pouvait en être ainsi de plusieurs autres insectes et peut-être des nôtres. Cela nous paraissait d'autant plus probable que nos jeunes vers n'éclosent jamais que le jour et surtout le matin.

Nous avons emballé nos œufs dans ces petites boîtes à coulisses qui nous servent aux expéditions de graines, et nous les avons entourés à l'intérieur de cinq ou six épaisseurs de cet épais papier imperméable à l'air. Descendues à la cave, ces petites boîtes ont été serrées avec soin, et l'une d'elles ouverte tous les huit jours, pour bien juger l'effet du procédé. La première, la seconde et la troisième semaine tout allait bien; mais à la quatrième visite, la boîte d'épreuve était toute noire de vers éclos ou étouffés. Les autres, quoique ne contenant pas toutes des pontes du même jour, étaient dans le même état. Nous avions retardé l'éclosion, nous ne l'avions pas arrêtée.

Cependant, ces boîtes étaient sensiblement chaudes et humides et portaient les traces non équivoques d'une fermentation, produite évidemment par l'agglomération des œufs qu'elles contenaient.

Mettant à profit cette observation, nous nous sommes contenté de descendre dans un lieu frais et aéré les panneaux de nos boîtes nouvellement garnis d'œufs, et le succès cette fois nous a prouvé que l'air frais est encore pour la graine l'agent conservateur le plus efficace. Nos œufs ont passé l'hiver et présentent encore l'aspect le plus satisfaisant. Nous ne pouvons pas cependant affirmer qu'ils soient bons, tant qu'ils n'ont pas subi l'épreuve de l'éclosion. Si l'éclosion se fait, nous pourrons en conclure que les graines d'automne peuvent gagner le printemps, mais à la condition de rester au grand air, maintenues dans un lieu frais, sans être détachées du panneau sur lequel la mère les a posées.

§ 11. — **Résumé**.

Si maintenant nous résumons en quelques mots les résultats obtenus dans les quatre éducations dont nous avons fait un si long récit; si nous nous rappelons que la première nous a produit seulement 10 cocons, la seconde 354, la troisième 11,423, la quatrième 43,122, le tout sur les mêmes arbres ; si nous ajoutons à ces chiffres les causes de pertes expliquées et combattues, les observations confirmées par les succès comme par les revers, ne pouvons-nous pas dire que ces quatre années d'étude sont aussi des années de progrès ?

Quelque réels cependant qu'aient été ces progrès, nous ne nous dissimulons pas qu'il en est bien d'autres à réaliser. Aussi, n'est-ce pas sans raison que nous nous sommes aussi minutieusement étendu sur les plus petits détails de ces éducations, que nous nous sommes attaché à n'omettre aucune circonstance qui pût servir plus tard à des rapprochements.

Nous le disions au début de ce chapitre, les événements contraires en agriculture se reproduisent chaque année sous des formes diverses, et l'étude d'un fait amène bien souvent l'explication d'un autre. Tel détail, insignifiant aujourd'hui, pourra demain servir à avancer la science.

Si nous sommes assez heureux pour que ce travail puisse mettre quelques-uns de nos confrères sur la voie de nouvelles améliorations, nous n'aurons point à regretter le temps que nous y aurons consacré.

CHAPITRE IV.

ALIMENTATION DU BOMBYX CYNTHIA.

Avant de passer aux instructions pratiques qui feront
l'objet du chapitre suivant, nous devons revenir un instant sur nos pas, pour vider une question d'autant plus
intéressante que personne avant nous ne l'avait résolue.

Nous savons déjà, par les différentes expériences dont
nous venons de faire l'exposé, qu'un arbre ne doit recevoir que la quantité de vers qu'il peut nourrir ; mais nous
n'avons pas encore déterminé cette quantité, et nous ne
pourrons le faire qu'après avoir constaté d'une manière
positive quelle est la somme de nourriture nécessaire à
l'alimentation de la chenille. C'est ce que nous allons étudier tout d'abord.

§ 1er. — Consommation de la chenille.

Au printemps de 1864, nous avions fait planter, dans la
cour du château, quelques jeunes ailantes destinés à ga-

rantir plus tard des arbustes d'ornement contre la dent des bestiaux. Ces jeunes plants étaient entre eux à une distance suffisante pour que les branches de l'un ne pussent atteindre l'autre, du moins pour la première année.

L'été suivant, huit de ces arbres choisis parmi les plus vigoureux reçurent chacun, vers la fin de juillet, un jeune ver éclos le jour même. De ces huit vers un seul put échapper aux dangers des premiers âges et sortir, le 16 juillet, de son dernier sommeil. A ce moment trois folioles seulement avaient disparu. Le 31 août, le cocon se formait, et 27 folioles manquaient alors à l'arbre. Trois folioles avaient suffi pour les quatre premiers âges; le cinquième tout seul en avait pris vingt-quatre.

Le 28 août, nous renouvelions l'expérience avec huit autres vers; mais la saison s'avançant, nous les avions pris tous à la dernière mue. Du 8 au 10 septembre, ils commençaient à filer, et nous pouvions apprécier la consommation de chacun dont voici l'importance :

Le premier avait mangé.	14	folioles
Le second —	14	—
Le troisième —	20	—
Le quatrième — . . . . : . . .	18	—
Le cinquième —	17	—
Le sixième —	24	—
Le septième —	16	—
Le huitième	18	—
Ensemble.	144	folioles

Ce qui fait une moyenne de 17 à 18 par tête. Les variations sont assez considérables entre ces divers chiffres. Mais toutes ces différences s'expliquent très-bien, car nous les retrouvons dans la grosseur des chenilles, dans la taille des papillons et jusque dans la durée du cinquième âge, qui peut varier de 4 à 5 jours, suivant la température, suivant le sexe ou les aptitudes de l'individu. Les femelles, qui sont en général beaucoup plus fortes que les mâles, doivent manger plus longtemps et par la même raison consommer davantage.

La consommation moyenne du Bombyx Cynthia pendant son dernier âge est donc de 17 à 18 folioles. En y ajoutant les trois folioles des quatre premiers âges, on a pour toute la vie de la chenille un total de 21 folioles.

Mais les ailantes sur lesquelles nos vers avaient vécu étaient d'une rare vigueur et leurs folioles dépassaient de beaucoup les dimensions des folioles ordinaires. Cette différence, dont nous devons tenir compte, était au moins de 30 p. 100, ce qui permet de dire, sans crainte d'erreur, que 30 folioles suffisent en moyenne à l'alimentation d'une larve de Cynthia[1].

§ 2. — Production de l'ailante.

Ceci bien établi, nous pouvons calculer ce qu'un buisson d'ailante pourra porter de vers.

Nous avons vu, page 3, que la feuille de l'ailante, que beaucoup de personnes confondent avec la branche, se compose d'un fort pédoncule, d'une longueur moyenne de $0^m.70$, muni de 11 à 12 paires de folioles sur-

---

[1] Les folioles ordinaires étant aux folioles sur lesquelles l'expérience a été faite comme 70 est à 100, nous aurons le chiffre demandé par la proportion :

$$70 : 100 :: 21 : x, \text{ d'où } x = \frac{21 \times 100}{70} = 30.$$

montées d'une impaire. En négligeant les dernières, toujours plus petites que les autres, nous pouvons compter qu'une feuille donnera 20 folioles de dimension régulière.

Si la plantation a été faite et entretenue avec tous les soins nécessaires, et si elle repose dans une terre convenant à cette essence, chaque tige d'ailante poussée sur la coupe de l'année, portera vers le milieu de la saison de 20 à 21 feuilles, soit d'après le calcul précédent 400 folioles.

Chaque tige de cette force pourrait donc à la rigueur nourrir de 12 à 13 vers ; mais l'arbre serait à peu près dépouillé. Nous ne devons pas oublier qu'il faut encore à la chenille la foliole qui doit entourer son cocon. Il n'est pas moins nécessaire de lui conserver un abri contre les rayons du soleil. Il faut enfin laisser à l'arbre un certain nombre de feuilles pour entretenir sa végétation. Si pour ces trois nécessités nous réservons le quart de nos folioles, soit une centaine, nous en aurons encore assez pour entretenir dix vers.

Ainsi donc une tige d'ailante portant au moins 20 feuilles peut recevoir et nourrir dix vers, ce qui revient à dire que le nombre de vers que peut nourrir un ailante est égal à la moitié du nombre de ses feuilles, et pour réduire l'énoncé de ce théorème en formule, nous dirons : *Deux feuilles font un cocon.*

Appliquant maintenant ce principe à un buisson entier, il nous sera très-facile de déterminer la quantité de vers que nous devrons lui donner.

Une souche de trois ou quatre ans, comme celle que représente la planche XIII, porte trois ou quatre tiges principales *a*, *b*, *c*, *d* ; quelques-unes en ont cinq, six et même

Imp. Zanote r. des Boulangers,13, Paris   C. Millon de Montherlant de

AILANTE DE 4 ANS

[illegible]

quelquefois davantage. Autour de ces tiges verticales et oc-
cupant le centre de la touffe, se trouvent quelques autres
petites branches moins vigoureuses et moins droites dont
les feuilles jaunissent de bonne heure, et n'atteignent
jamais tout leur développement. Ces dernières branches
ne doivent pas entrer en ligne de compte dans l'appréciation dont il s'agit. Elles sont destinées à compléter les
autres, dans le cas où le nombre des gros mangeurs
dépasserait la moyenne. Il suffit donc de compter
les tiges principales qui atteignent toutes à peu près
la même hauteur et de multiplier ce nombre par 10.
Ainsi sur un buisson de 4 tiges, comme celui que représente la planche XIII, on peut placer 40 vers; sur un buisson de cinq tiges, on en mettra cinquante et ainsi de
suite.

Ces chiffres cependant sont, comme nous l'avons dit
plus haut, basés sur le développement que peuvent atteindre les arbres au milieu de la saison, au commence-
ment d'août. Pour des éclosions plus précoces, ces chiffres
doivent être proportionnés à la végétation. On peut s'en
rendre compte par le nombre de feuilles des tiges principales. Si celles-ci, par exemple, n'ont encore montré
que 10, 12, 14 ou 16 feuilles, elles ne recevront que 5,
6, 7 ou 8 vers. C'est une appréciation que l'usage rend
d'ailleurs aussi prompte que facile.

Il peut encore arriver que l'on ait à garnir de vers des
plantations mal soignées, ou situées dans des terrains in-
grats.

Les tiges sont grêles et les feuilles courtes et étroites.
Il est évident que nos calculs ne sauraient non plus s'appliquer à ces plants. Mais il sera facile d'en faire la réduc-

tion en comparant les feuilles de ces plantations à celles qui nous ont servi de base, et dont la longueur est en moyenne de 0^m.70. Si celles dont il s'agit ne se sont allongées que de 0^m.35, comme la dimension des folioles est proportionnelle à la longueur du pédoncule, on devra diminuer le nombre des vers, non pas de moitié, comme semble l'indiquer la longueur de la feuille, mais au moins des trois quarts. C'est ainsi qu'un ailante portant quatre tiges, mais dont les feuilles n'auraient que 0^m.35 en moyenne ne pourrait nourrir que dix vers, au lieu de quarante qu'alimenterait un arbre de force ordinaire.

INSTRUCTIONS PRATIQUES POUR L'EXPLOITATION SÉRICICOLE DE L'AILANTE

Nous avons étudié, dans les chapitres précédents, tous les faits qui se présentent dans l'éducation du ver à soie de l'ailante. L'expérience nous en a fait connaître les mœurs, les besoins et les ennemis; nous allons maintenant passer en revue les moyens pratiques à l'aide desquels on peut répondre aux uns, combattre ou éloigner les autres.

§ 1er. — Mise en terre du plant.

Les plantations d'ailantes devant être, au printemps et à l'automne, labourées à la charrue, puis entretenues dans le courant de l'été à l'aide de la houe à cheval ou de tout autre instrument remplissant le même but, il est essentiel de conserver aux lignes la plus grande exactitude.

On y parvient facilement au moyen de deux cordeaux d'une longueur égale à la plus grande largeur du terrain mis en exploitation, si ce terrain est de moins d'un hectare, et de 100 mètres au plus, s'il représente une plus grande surface. Nous admettrons ici, pour plus de clarté, cette dernière hypothèse. Dans ce cas, les plantations peuvent être divisées en massifs d'un hectare, et ces massifs séparés en long et en travers par de petites allées de 3 mètres, largeur suffisante pour permettre d'y tourner le cheval et l'instrument lorsqu'il faut changer de ligne ou de direction.

Soit donc A B C D un terrain régulier d'un hectare (voir pl. XIV, fig. 1re). La ligne AB, de 99 mètres de longueur, est rigoureusement déterminée par trois jalons placés en A, en N et en B. Les deux lignes perpendiculaires AD, BC sont tracées de la même manière, au moyen d'une équerre d'arpenteur.

L'un des cordeaux est tendu du point A au point B, l'autre du point E au point F. Le point E est déterminé sur la ligne AD par une règle de 1m.30 de longueur[1], placée de A en E. Il en est de même du point F sur la ligne BC.

Ces deux cordeaux fixés et convenablement roidis par des pieux aux quatre points indiqués, deux hommes procèdent à la plantation. Ils sont munis, l'un d'une règle de

---

[1] La distance de 1m.30 entre les lignes de plantation, représente la hauteur du triangle A a' a. Cette hauteur n'étant autre chose que le sinus de l'angle de 60 degrés A, dans un cercle dont le rayon est de 1m.50, est donnée par la proportion :

$$R : \sin A :: 1^m.50 : x, \text{ d'où } x = \frac{\sin A \times 1.50}{R} = \frac{8.660 \times 1^m.50}{10} = 1^m.2990.$$

En prenant une règle de 1m.30, on n'a donc qu'une erreur d'un millimètre, erreur inappréciable sur le terrain.

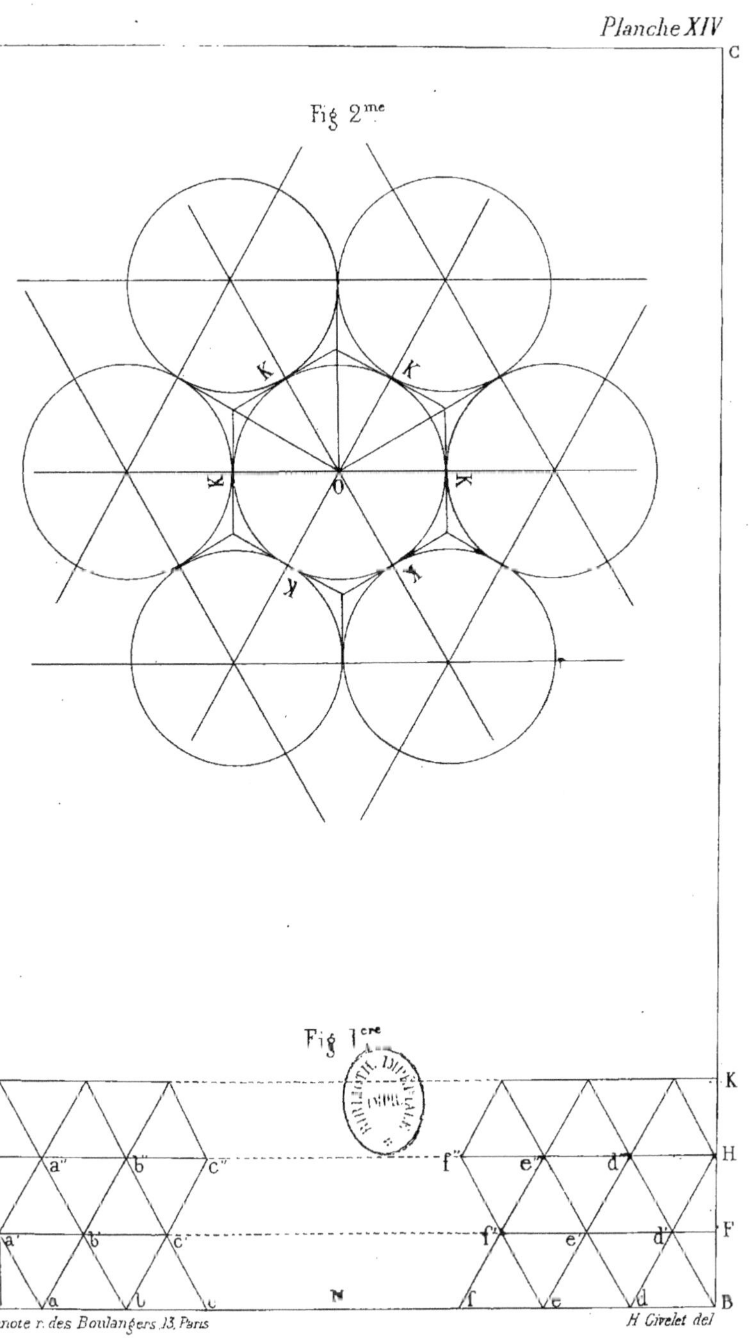

H Givelet del

MISE EN TERRE DES PLANTS

1^m.50 et d'une botte de plants d'ailante, l'autre seulement d'une bêche.

Le sol ouvert au point A par la lame de la bêche, le premier de ces hommes y dépose un plant, dont le second recouvre la racine en foulant la terre avec le pied. La règle posée du point A au point a, donne le second de ces points où se place le second plant ; en b vient le troisième, en c le quatrième, et ainsi de suite jusqu'au point B, où doit se trouver le soixante-septième, si les distances ont été bien observées.

Cette première ligne achevée, nos deux hommes, qui ont enlevé le pieu du point B, le replacent en H, à 1^m.30 du point F, pour n'avoir pas à revenir tracer la ligne GH lorsqu'ils seront en E.

Ils commencent alors la ligne FE, en déterminant le point d', à 0^m.75 du point F, au moyen d'une division faite au milieu de la règle. A ce point d' se place le premier plant ; le second, au point e', à 1^m.50 du premier ; les autres en suivant et en observant la même distance jusqu'au soixante-sixième qui se trouve en a'.

La ligne FE ainsi terminée, le pieu fixé en A est reporté en G, tendant définitivement le premier cordeau sur la ligne GH ; on reporte également en I le pieu du point E, pour n'avoir pas à y revenir plus tard pour tendre le second cordeau de K en I.

On procède ainsi jusqu'à la ligne CD, qui doit être la soixante-dix-septième et dernière. On a donc sur l'hectare entier 38 lignes de 66 plants et 39 de 67, en tout, 5,124 plants.

Pour que les deux hommes chargés de la plantation n'aient point à perdre de temps, il sera bon de leur adjoindre un aide chargé de la préparation des plants. Cet aide, qui peut être une femme ou un enfant, devra faire ce qu'on appelle en sylviculture l'habillage du plant, c'est-à-dire retrancher les extrémités des racines qui seraient desséchées ou gâtées, et receper les tiges, comme nous l'avons dit plus haut, à quelques centimètres au-dessus du collet.

Un mois au plus tard après la plantation, un premier binage doit être donné, mais avec beaucoup de soin, car les jeunes bourgeons qui commencent à paraître sont encore délicats. Nous nous servons avec beaucoup de succès pour cette opération d'une ratissoire à cheval avec laquelle on fait un hectare par jour. Un homme tient l'instrument, une femme ou un enfant dirige le cheval. Le travail se complète par un léger hersage qui remet toutes les herbes à la surface du sol. La herse dont on se sert ne doit pas porter plus d'un mètre de large.

Ces binages doivent être aussi fréquents que le demande le sol; dès que l'herbe se montre, il faut s'en occuper. Qu'on oublie pas, d'ailleurs, qu'ils n'ont pas seulement pour but la destruction des herbes parasites, mais qu'ils ont pour effet d'empêcher la reproduction et la multiplication des insectes terrestres, dont ils bouleversent à chaque passage les larves ou les œufs, tout en l ur enlevant ce qui peut les nourrir.

A l'automne, c'est-à-dire dès que les feuilles sont entièrement tombées, tous les plants doivent être recepés et le terrain labouré par une charrue légère, opération qui se répète au printemps, ordinairement dans la première quinzaine d'avril.

La seconde année, les mêmes soins sont donnés aux

arbres et au sol ; mais, quelle que soit la vigueur des plants, on doit encore éviter de les charger de vers, car on regagne largement le temps perdu par la force que prennent encore les jeunes souches en conservant leurs feuilles.

§ 2. Exploitation séricicole.

L'exploitation séricicole commence à la troisième année. Les diverses expériences dont nous avons fait connaître les résultats, nous ont prouvé que le plus grand danger qui menace le ver à soie de l'ailante vient de la présence sur le sol de ces insectes terrestres dont un binage fréquent peut le débarrasser.

Mais si le terrain qui doit nourrir les vers, n'a seulement quelques mètres de largeur, les soins qu'on lui donnera ne détruiront ni les herbes qui l'environnent, ni les insectes que recèlent ces dernières. Dans bien des cas, les pertes seront les mêmes que si la plantation n'était pas cultivée.

Dans une exploitation de plusieurs hectares, les bordures, il est vrai, pourront souffrir de cet inconvénient, si les allées qui les séparent ne sont pas entretenues ; mais les pertes, qu'on peut encore éviter, ne porteront toujours que sur quelques buissons et seront insignifiantes par rapport à l'ensemble.

Pour obtenir les mêmes résultats dans le premier cas que dans le second, les plans d'éducation doivent être différents. Nous diviserons donc l'éducation pratique en deux parties : la première, consacrée à la petite culture, traitera du matériel et des manutentions que réclame celle-ci ; nous verrons dans la seconde les procédés applicables aux grandes exploitations.

§ 3. — Méthode d'éducation pour la petite culture.

La plantation terminée, comme nous venons de le dire, on organise le matériel. Vingt-quatre baquets, semblables comme forme à celui que nous avons décrit à la page 46, sont préparés à l'avance et disposés en ordre sous un hangar à l'abri des vents d'ouest, ou dans une pièce qu'on puisse laisser ouverte la nuit comme le jour. Les dimensions de ces baquets doivent être proportionnelles au nombre de vers qu'on y doit élever. Celles que nous avons indiquées peuvent suffire pour une plantation de 75 ares de qualité moyenne, chaque baquet pouvant contenir environ 3,000 vers.

La disposition de la pièce qu'on transforme en atelier d'éclosion et d'élevage doit laisser pour la circulation, autour de chaque appareil, une place au moins égale à celle qu'occupe l'appareil lui-même. Nous donnons ici, planche XV, le dessin de l'atelier que nous avons organisé dans l'orangerie de Flamboin, et qui nous utilise ainsi pendant l'été un local qui jusque-là n'avait d'emploi que l'hiver. Cette pièce, dont la façade principale est exposée au midi, reçoit l'air et le jour par trois grandes ouvertures ; des fenêtres plus petites, percées au mur du nord, y font un courant d'air, si la température l'exige.

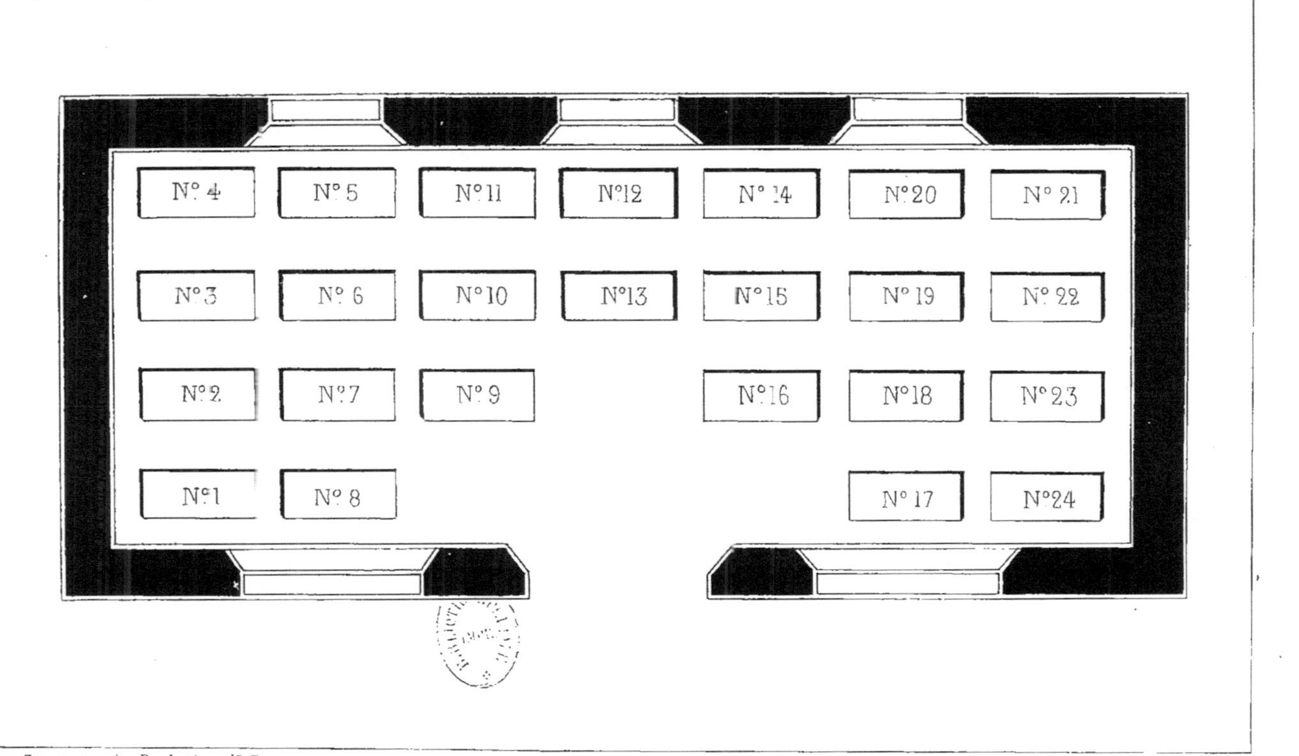

SALLE D'ECLOSION ET D'ELEVAGE

dans l'Orangerie de Flanboin

Les œufs ont été préalablement étalés sur une petite tablette du modèle indiqué page 61. Dès qu'apparaissent les premières éclosions, cette tablette est placée, le soir, sur le couvercle du baquet n° 1, et tout autour d'elle des feuilles d'ailante piquées dans les trous trempent leur long pédoncule dans l'eau du baquet. Ces feuilles sont tournées de manière à laisser une de leurs folioles reposer sur les œufs, tandis que celle qui se trouve immédiatement plus bas vient toucher, au contraire, le dessous de la tablette. Vingt feuilles suffisent pour entourer le petit appareil, s'il est construit avec les dimensions données.

Les éclosions se faisant au lever du soleil, tout reste en cet état jusqu'au lendemain soir, c'est-à-dire pendant vingt-quatre heures. Les vingt-quatre heures écoulées, la tablette passe au baquet suivant, où vient se renouveler la même opération. Cette tablette bien remplie contient 50 grammes, qui peuvent produire 25,000 vers. Si chaque éclosion donnait la même proportion de vers, on procéderait ainsi de jour en jour jusqu'au dernier baquet. Mais il peut arriver que certaines journées donnent beaucoup plus que d'autres, qu'un baquet n'ait reçu qu'un très-petit nombre de chenilles, et qu'un autre en soit trop encombré.

Dans le premier cas, on met en deux parties le baquet moins peuplé, et la petite tablette y reste deux jours au lieu de vingt-quatre heures; mais alors on divise les deux éclosions, pour être bien certain d'éviter tout mélange. Dans le second cas, on passe, au contraire, un baquet sur deux. Celui qui n'a rien eu vient plus tard en aide à son voisin, lorsque les chenilles plus grosses réclament plus de place.

Lorsqu'on juge que la tablette ne porte plus beaucoup d'œufs qui ne soient éclos, on en met une seconde, plus tard une troisième, quelquefois même une quatrième, car on ne doit mettre les premières de côté qu'après s'être assuré qu'elles ne donnent plus rien.

Le huitième jour après l'éclosion, les vers du premier baquet entrent dans le second âge; 8 jours plus tard, c'est-à-dire le quinzième jour, ils sont dans le troi- sième, et le vingt et unième jour dans le quatrième. Le vingt-troisième jour, alors que les tablettes d'œufs sont depuis la veille au n° 24, les vers du premier baquet par- tent pour la plantation, et sont, le jour même, remplacés par les œufs qui doivent éclore le lendemain pour recom- mencer une seconde série. On peut de la sorte, en deux séries complètes, élever environ 150,000 vers jusqu'au quatrième âge.

Les baquets étant ainsi garnis, le service se fait avec facilité. Dans les dix premiers jours, les soins qu'ils exigent prennent à peine une heure à une seule femme, qui doit remplacer chaque matin les feuilles que les vers ont déjà dévorées.

Les feuilles couvertes encore de la rosée de la nuit sont excellentes pour cet usage, et se conservent mieux que celles qui sont cueillies dans le milieu du jour. L'excès d'humidité qu'elles semblent contenir n'est d'ailleurs que favorable aux vers. Il est essentiel, en les cueillant, de ne pas les détacher de l'arbre avec la main, mais de les cou- per tout près de la branche que, sans cette précaution, on risque d'écorcher.

La cueillette étant faite, on enlève alors les trois ou quatre premières paires de folioles sur chaque feuille,

Planche X

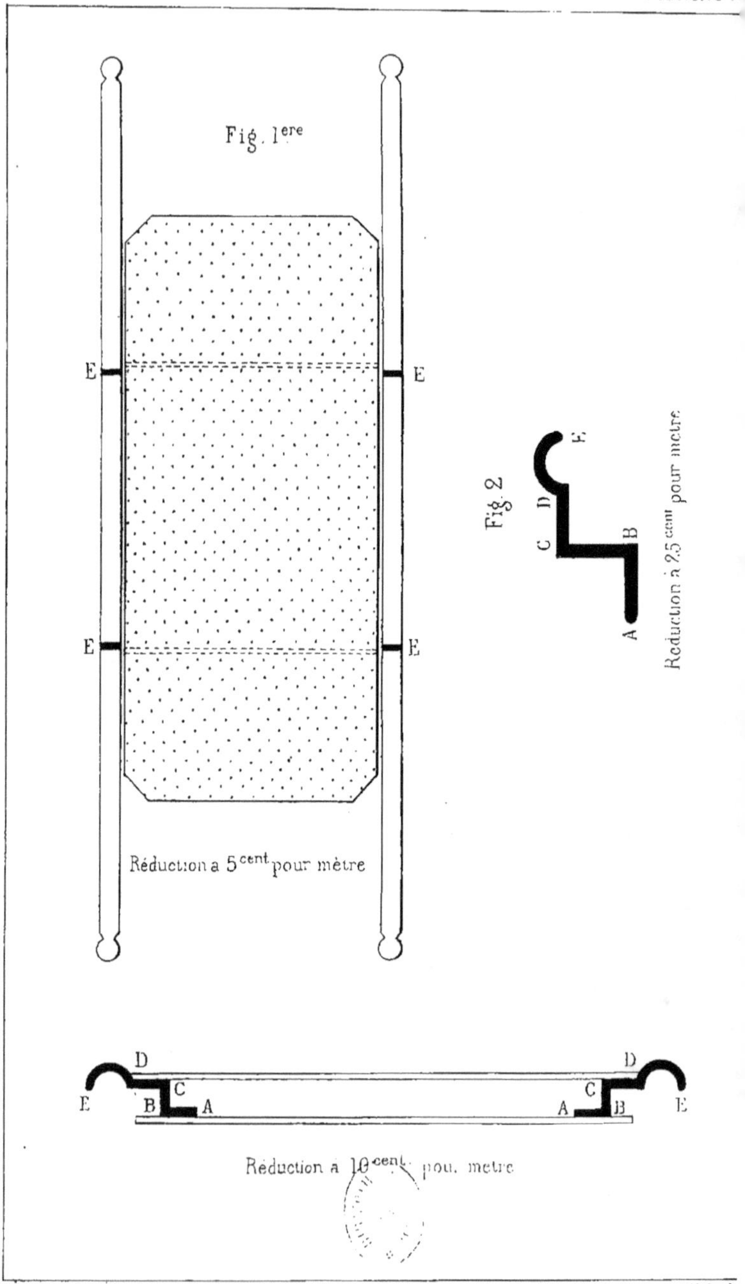

Fig. 1ere
E
E
E
E
Réduction a 5 cent pour mètre
Fig. 2
A
B
C
D
E
Reduction à 25 cent pour metre
D
D
C
C
B
B
A
A
E
E
Réduction a 10 cent. pour metre

Imp Zanote r des Boulangers 17 Paris

H. Crele

APPAREILS POUR L'ENLÈVEMENT DES VERS

dont on glisse le pédoncule dans un des trous voisins de celle que l'on doit remplacer. Cette dernière n'est enlevée que plus tard et lorsque tous ses vers l'ont abandonnée.

Du dixième au quinzième jour, les feuilles doivent être renouvelées matin et soir; plus tard, trois fois par jour, lorsque tous les baquets sont en activité; c'est un travail d'une heure au plus pour chaque approvisionnement.

L'enlèvement des vers pour la plantation se fait de la manière la plus simple, grâce à la disposition particulière de nos couvercles. On se rappelle que les deux plans de voliges, dont ils sont formés, sont fixés par deux légères traverses E, F (voir pl. VII) qui les maintiennent à 0^m.05 l'un de l'autre.

Ce vide de 0^m.05 permet d'introduire, entre ces deux plans, quatre crochets dont la forme est représentée par la figure 2, planche XVI. Pliés deux fois à angle droit en B et en C, ces crochets se terminent par une partie courbe DE. La ligne BC doit rigoureusement porter 4 centimètres et demi de longueur, pour que toute la partie AD puisse facilement entrer dans le vide des deux plans. La figure 3 de la planche XVI, qui donne la coupe verticale du couvercle, montre la place et l'effet des crochets. On comprendra sans peine, en voyant ce dessin, que si l'on vient à soulever la partie courbe DE, le point D vient s'appuyer sur le plan supérieur, tandis que le point A porte avec la même force sur le plan du dessous. Le crochet devient un levier qui, ne pouvant séparer les deux plans, enlève tout l'ensemble.

Quatre crochets étant ainsi placés près des extrémités des deux traverses aux quatre points E (comme l'indique la figure 1re de la planche XVI, qui montre le dessin du couvercle), et deux bâtons arrondis HI, H'I' étant passés sous la partie courbe DE de ces quatre crochets, nos vers voyagent en litière, sans dérangement, sans fatigue et sans secousse.

Arrivés à la plantation, nos voyageurs sont déposés sur deux tréteaux préparés à l'avance, près des arbres qui doivent les recevoir.

On procède alors à la répartition des chenilles. Les feuilles qui les portent, divisées suivant le nombre qu'elles contiennent, sont suspendues par leurs folioles sur les plus hautes branches de chaque buisson[1].

Cette opération se fait en calculant, comme nous l'avons dit, page 85, ce que chaque pied peut nourrir. Elle est ajournée si le temps est trop contraire, si la violence du vent ou de la pluie peut faire craindre la chute des petits tronçons de feuilles, qu'on doit suspendre aux arbres.

Dans ce cas, on conserve les vers vingt-quatre heures de plus. L'éclosion qui doit les remplacer se fait provisoirement sur le bout d'un des baquets les moins chargés, et, le lendemain, on rend aux nouveaux-nés, dès qu'elle est libre, la place qu'ils doivent occuper.

Quand la distribution des vers sur les arbres a été rigoureusement faite, suivant les règles que nous avons prescrites, il n'est plus besoin d'y toucher avant le cocon-

---

[1] Cette précaution, qui rend les vers moins accessibles aux attaques des oiseaux, n'est pas à négliger. Nous avons perdu un bon nombre de vers, pour nous être contenté de déposer ces feuilles contre la tige où elles trouvaient dans les bifurcations des branches un très-bon point d'appui. Nous avons bientôt vu que c'était un moyen de préparer aux loriots et autres amateurs un repas qu'ils ne savaient que trop bien apprécier.

nage. Dans le cas contraire, les buissons trop chargés doivent être débarrassés, dès qu'on s'en aperçoit, au profit de ceux qui n'ont pas la quantité voulue.

Le temps que le service des baquets laisse libre doit être employé sans relâche contre les ennemis trop nombreux de nos vers. D'abord les parties de la plantation qui en ont le plus besoin sont grattées au racloir ; on arrête par là, dans l'intervalle des binages, la végétation des parasites. En même temps et à l'occasion, se fait la chasse aux coccinelles, sans négliger les autres insectes qui pourraient être à craindre.

Il est plus difficile de se défaire des guêpes. Plusieurs procédés ont été proposés. M. de Lamote Baracé conseille de les emprisonner le soir dans leur nid, en couvrant ce dernier d'une cloche à melons, sous laquelle elles succombent bientôt, les unes de colère, les autres d'inanition. Le tout est de trouver le nid qui peut être fort loin. D'autres personnes ont employé des bouteilles remplies d'eau miellée. Il est possible que le procédé soit bon, mais il exige un grand nombre de bouteilles.

Nous aurions plus de confiance dans un expédient appliqué, non sans succès, par un apiculteur de l'Oise. M. Barbier, de Chambors, qui a bien voulu nous expliquer lui-même le moyen qu'il emploie, disperse dans son jardin, vers la fin d'avril, un certain nombre de vases, dans lesquels se trouve une eau mélangée de gros miel ou de résidus de cire qu'il a préalablement laissé fermenter pendant au moins trois semaines. A cette époque, où les mères-guêpes commencent à voler à la recherche des mâles, l'odeur de cette fermentation les attire de fort loin pour leur donner la mort dans ce liquide empoisonné,

Chaque mère détruite, c'est une famille de moins, et M. Barbier nous assurait l'an dernier que, chez lui, depuis l'emploi de ce procédé si simple, la guêpe avait complétement disparu.

Quant aux oiseaux, nous avons deux moyens de les éloigner : le fusil d'abord, qui est le plus sûr, car ceux qu'il corrige ne reviennent pas, et les épouvantails. Les loriots et les coucous étant les espèces les plus redoutables pour les chenilles adultes, et ces espèces étant généralement peu nombreuses, un bon tireur en a bientôt raison. C'est au lever du soleil qu'ils se montrent le plus ; il faut par conséquent que celui qui les chasse soit de bonne heure sur pied.

Vingt jours après la mise en liberté des premiers vers, leurs cocons sont finis et doivent être enlevés, sous peine de devenir la proie des panorpes. Tous ceux qui restent fermes sous la pression du doigt sont bons à récolter. Pour détacher le cocon, on le tire légèrement vers la base du pédoncule, et l'on coupe aux ciseaux le câble arrondi qui entoure ce dernier. Quant à la foliole dont il est enveloppé, on la sépare sans peine, tant qu'elle est encore fraîche, et le mieux est de le faire sans attendre à plus tard.

A partir de ce moment, chaque jour donne son produit qu'on divise en deux parts, l'une pour le dévidage, l'autre destinée à la reproduction. La première est soumise à l'étouffage par les procédés employés pour le Bombyx Mori. Les cocons de la seconde, choisis dans les plus forts et les plus réguliers, sont réunis par centaines, au moyen d'un fil passé dans ce cable qui en termine la partie supérieure. Ils sont aussitôt suspendus à l'appareil décrit à la page 52, et placés dans un lieu frais et aéré, à l'abri du soleil et de la pluie et à l'exposition du nord ou de l'est.

On peut ainsi, et sans autres précautions, conserver ces cocons tout l'hiver. Ils n'ont rien à craindre de la gelée, et la circulation de l'air les protége suffisamment contre l'humidité, qui leur serait fatale dans un endroit fermé.

Ce repos que prennent alors nos insectes, et qui correspond à celui que prend aussi la nature, nous laisse le temps de vaquer aux soins que ı éclament nos arbres.

Le recépage, qu'on peut faire à partir du 15 novembre, peut être suivi, si le temps le permet, de l'enlèvement des drageons mal placés qu'on met en jauge, en attendant qu'ils soient utilisés. A cette opération succède le premier labour, qui doit être terminé avant les grandes gelées.

Au mois d'avril, se fait le second labour, suivi des remplacements pour lesquels on emploie les drageons mis en jauge, dont nous venons de parler. Puis arrive, avec le mois de mai, la dernière opération de la sériciculture, celle du grainage.

Pour cette dernière phase de la vie du Cynthia, le matériel nécessaire se compose d'une caisse à papillons et de deux boîtes à ponte. Nous n'avons pas à revenir sur la construction de ces deux appareils qui ont été décrits pages 55 et 56, et qui doivent être placés dans une pièce qu'on puisse ouvrir la nuit et garantir le jour des ardeurs du soleil.

Vers le milieu de mai, la caisse à papillons doit être garnie de tous les cocons qu'elle doit recevoir; il est bon d'observer, cependant, qu'une caisse de la dimension indiquée ne peut en contenir plus de mille. A la fin du mois ou dans les premiers jours de juin, les papillons commencent à paraître, et, dès le lendemain, quelques couples sont unis.

On les prend ; on sépare le mâle de la femelle ; on installe celle-ci dans l'une des boîtes à ponte, et l'on met l'autre en liberté. Le mâle se reconnaît à sa taille sensiblement inférieure à celle de la femelle. Si cependant il y a doute, on le distingue avec plus de certitude aux deux petits toupets blancs qu'il porte au bas du ventre, toupets que n'a pas l'autre sexe.

Il peut arriver que la séparation du mâle et de la femelle se soit faite plus tôt, et que quelques femelles se trouvent ainsi fécondées sans qu'on le sache. Leurs œufs, disséminés sur la toile claire de la caisse à papillons, sont alors beaucoup plus difficiles à recueillir. Comme ces femelles séparées sont rares, il vaut mieux vérifier leur état que l'on reconnaît au signe que voici : lorsqu'on saisit une femelle par les deux ailes, elle expulse à l'instant, par l'anus, quelques gouttes d'une liqueur âcre et d'un blanc plus ou moins teinté de jaune. Si la femelle n'a pas été mariée, cette liqueur est transparente ; dans le cas contraire, elle est opaque et laiteuse, effet produit sans doute par le précipité auquel donne lieu la liqueur séminale[1].

Les femelles étant placées dans l'une des boîtes à ponte, en sont enlevées un ou deux jours après et déposées dans l'autre ; puis on commence la récolte des œufs qu'on dé-

---

[1] Il est probable, cependant, que ce précipité ne se forme que quelque temps après l'accouplement. Car il nous est arrivé de séparer violemment des femelles dont la liqueur était encore claire, et qui n'en étaient pas moins fécondées ; mais nous croyons pouvoir affirmer que la séparation n'a lieu naturellement qu'après la formation de ce précipité.

ATELIER DE GRAINAGE POUR 10,000 COCONS

tache du canevas au moyen d'un couteau d'ivoire ou de bois.

Les œufs sont conservés dans des boîtes ouvertes portant la date de la ponte. Si ces boîtes n'étaient pas assez grandes pour que les œufs n'y fussent pas amoncelés, la graine en s'échauffant pourrait bien compromettre la santé des jeunes vers qu'elle doit bientôt produire. Il n'est pas moins essentiel de conserver ces graines dans une pièce aérée et dont la température soit aussi basse que possible ; car il y a toujours avantage, au moins jusqu'en juillet, à retarder l'époque des éclosions. Les arbres sont plus forts, et peuvent nourrir plus de vers ; le même résultat s'obtient en moins de temps, et c'est toujours un très-grand avantage.

Ces observations s'appliquent particulièrement au climat de Paris, où nous n'avons rien à gagner à deux éducations. Il n'en est pas de même dans le midi de la France, où la végétation commence beaucoup plus tôt et laisse par conséquent une saison plus longue. Rien n'empêche alors de presser les premières éclosions, en laissant agir la chaleur du jour, mais tout en évitant les rayons du soleil.

Si l'opération du grainage doit se faire sur une plus grande échelle, en vue par exemple de la vente des œufs, on peut organiser pour cet usage un petit atelier réunissant toutes les conditions de fraîcheur et d'aération dont nous avons parlé. La planche XVII donne le plan d'un atelier meublé pour le grainage de 10,000 cocons.

Dix caisses à papillons, numérotées, correspondent à un nombre égal de boîtes à ponte. A droite, dans un coin, se trouve une boîte supplémentaire. Ces onze boîtes sont exactement semblables, en sorte que le dessus de chacune d'elles peut au besoin s'adapter à toutes les autres.

Lorsqu'on doit faire la levée des graines, la boîte supplémentaire prend la place de la boîte n° 1 dont elle reçoit toutes les femelles. Celle-ci, après avoir été débarrassée de ses œufs, reprend la place et les papillons de la boîte n° 2, qui se vide à son tour pour remplacer le n° 3, et ainsi de suite jusqu'au complet dépouillement des dix boîtes dont la dernière devient supplémentaire.

Les dessus numérotés, pouvant s'adapter indistinctement à tous les corps de boîtes, suivent leurs papillons et chaque jour, comme eux, changent de domicile, tout en restant au même endroit.

Avec cette organisation, rien n'est plus facile que de se rendre compte du produit de chaque caisse, en inscrivant chaque jour le nombre des mariages en regard du poids des œufs sortis de la boîte correspondante.

Si tous les soins que nous venons d'indiquer ont été donnés sans relâche et en temps opportun, on peut compter sur le succès. Les personnes qui croyaient pouvoir élever le vers de l'ailante sans autre peine que celle de le déposer sur l'arbre, le jour de sa naissance, se récrieront sans doute devant une telle série de baquets, de caisses, de boîtes, de binages et de manutentions.

Si, cependant, ces personnes réfléchissent que pour amener le ver à son quatrième âge, nous n'avons guère que trois folioles à lui donner, et que pendant les douze à quinze jours qu'il vit en liberté il en dévore 27, c'est-à-dire 9 fois autant, elles verront que les soins que demande le Cynthia, ne sont rien en comparaison de ceux qu'exige le ver à soie du mûrier.

Quant à la dépense qu'entraîne ce matériel, elle n'est

pas, il est vrai, sans quelque importance ; mais elle est encore loin de la valeur de ces filets dont plusieurs éducateurs nous proposaient l'emploi. Ce genre de précaution, plus théorique que pratique, qui pourrait protéger contre certains oiseaux quelques chenilles assez avisées pour ne pas trop fréquenter les frontières, n'en défendrait aucune de l'attaque des insectes.

Nous savons d'ailleurs qu'en Chine et au Japon les petits propriétaires n'agissent pas autrement, pour les vers à soie sauvages, que nous ne conseillons de le faire. Nous en avons pour preuve les passages suivants d'un Manuel Japonais, publié dans les Bulletins de la Société d'acclimatation en 1864.

Ce Manuel, qui traite de l'éducation du ver à soie du chêne, a été d'abord traduit en hollandais par le docteur Hoffmann, puis du hollandais en français par M. F. Blekman, interprète de la légation de France au Japon.

Dans un paragraphe intitulé : *Éducation sur baquets en hangars établis à cette fin*, l'auteur japonais donne les explications suivantes sur la disposition du local :

« Vers le 22 avril ou plus tôt ou plus tard, suivant la
« température locale, on nettoie le local destiné à l'édu-
« cation des vers à soie et l'on tâche de détruire les four-
« mis et toute autre vermine nuisible. On entoure cet
« emplacement de paillassons de jonc ; on y place au
« milieu une estrade de bois de six pieds de largeur et
« plus ou moins longue, suivant l'extension qu'on donnera
« à la culture. Sous l'estrade, on place des baquets mu-

----

¹ Bulletins de la Société impériale zoologique d'acclimatation 1864, pages 523 et suivantes.

« nis d'un couvercle ayant des trous au milieu. Tout
« contre le fond, se trouve adapté un tuyau bouché per-
« mettant de faire écouler de temps à autre l'eau du
« baquet. Ces baquets sont rangés à une distance réci-
« proque de trois pieds pris de leur centre. »

« Sur l'estrade, on étend des paillassons ordinairement
« de 2 pieds 8 pouces de largeur, 5 pieds 5 pouces de
« longueur, 5 pouces d'épaisseur, et des *itodate* ou pail-
« lassons légers de paille fine de 2 pieds 7 pouces de lar-
« geur sur 8 pieds de longueur. On y dépose les œufs et
« on les surveille régulièrement chaque matin. Dès que
« l'on remarque que quelques chenilles viennent d'éclore,
« on met de l'eau fraîche dans le premier baquet placé
« sous l'estrade : on fait deux ouvertures dans chaque
« paillasson, dont une en regard du trou du couvercle
« du baquet placé sous chaque paillasson. On y passe
« une ou plusieurs branches de chêne, et l'on attache à
« l'une d'elles le baquet d'œufs dans lequel on a mis un
« cinquième de *goo* (3 centilitres et demi) d'œufs. »

« Toute coupe de bois laqué est propre à servir de
« baquet d'œufs, puisque les chenilles en sortent facile-
« ment. Le fond de ce baquet sera légèrement percé pour
« faire échapper l'eau de la pluie. Les chenilles écloses
« se répandent du baquet sur les branches.

« Lorsqu'il y en aura environ cinq cents dans le feuil-
« lage, on passera à l'autre baquet; on y appliquera
« d'autres branches, auxquelles on adaptera le baquet
« d'œufs et l'on procédera ainsi successivement, pour
« peupler les branches au fur et à mesure que les che-
« nilles écloses passent au feuillage. »

« On aura bien soin de boucher l'ouverture dans la-

« quelle on a adapté les branches, pour que les chenilles
« ne puissent aller à l'eau. On veillera encore à ce qu'une
« des branches soit repliée jusque sur le paillasson. »

« Lorsque les chenilles se seront nourries trois jours
« durant d'une branche, on arrachera celle-ci en la dépo-
« sant avec les chenilles sur un paillasson, pour la préser-
« ver du contact de la terre ou du sable, et l'on appliquera
« une branche fraîche qu'on appuie à l'ancienne portant
« déjà des chenilles. On laissera aux chenilles le temps de
« déménager, depuis neuf heures du matin jusqu'à trois
« heures de l'après midi. S'il en reste, après ce laps de
« temps, puisqu'il y en a qui refusent de déloger avant le
« premier repos, on coupera avec des ciseaux les branches
« qui les portent, pour les suspendre aux branches fraî-
« ches, veillant le mieux possible à ce que les chenilles se
« trouvent bien répandues, et ne se logent pas trop rap-
« prochées les unes des autres. »

Bien que cette description ne soit pas toujours très-
claire, ce qui n'est pas étonnant avec une double traduction, on voit cependant bien toute l'analogie qui existe
entre les appareils usités au Japon et ceux que l'expérience
nous a fait construire. Dans un autre paragraphe sous le
titre de : *Education dans les champs et les forêts*, le même
auteur décrit en ces termes la mise en liberté des chenilles :

« Là où cette éducation est pratiquée, on y procède
« après la troisième période[1]. L'emplacement destiné à
« cette éducation, situé de préférence dans la plaine et

---

[1] C'est-à-dire au 4e âge, ainsi que nous le faisons nous-même pour le
ver à soie de l'ailante.

« moins volontiers dans la montagne, sera nettoyé douze
« mois d'avance des herbes et de tous les arbrisseaux et
« arbres ne convenant pas à la nourriture de la che-
« nille. »

On voit par ce dernier passage que les Orientaux n'attachent pas moins d'importance que nous à l'entretien du
sol. Nous bornerons là ces citations, qui sont suffisantes
pour prouver que les peuples les plus avancés dans la
culture et l'industrie de la soie, ont reconnu les premiers
la nécessité d'une éducation privée pendant les premiers
âges, à moins que l'on n'opère sur de vastes espaces. Ces
instructions japonaises ne s'appliquent en effet qu'à de
petites cultures, puisque le Manuel dit, en parlant des
arbres, « qu'ils sont plantés le long des fermes et des sen-
« tiers de la terre de labour, et que, lorsque les cultiva-
« teurs s'en occupent secondairement en dehors de leurs
« travaux réguliers, ils en retirent un beau bénéfice, puis-
« que la soie récoltée est très-solide et largement payée. »

§ 4. Modifications applicables aux grandes exploitations.

On peut, pour la grande culture, faire faire les éclosions sur les appareils que nous avons décrits pour l'éducation privée. Mais puisqu'on doit ici imiter la nature,
on peut y arriver par un moyen plus simple et beaucoup
plus rationnel.

Au lieu de placer les femelles de papillons dans une
boîte à ponte, on remplace cette boîte par une vaste cage
sans fond dont les parois et le dessus sont en tissu mé-

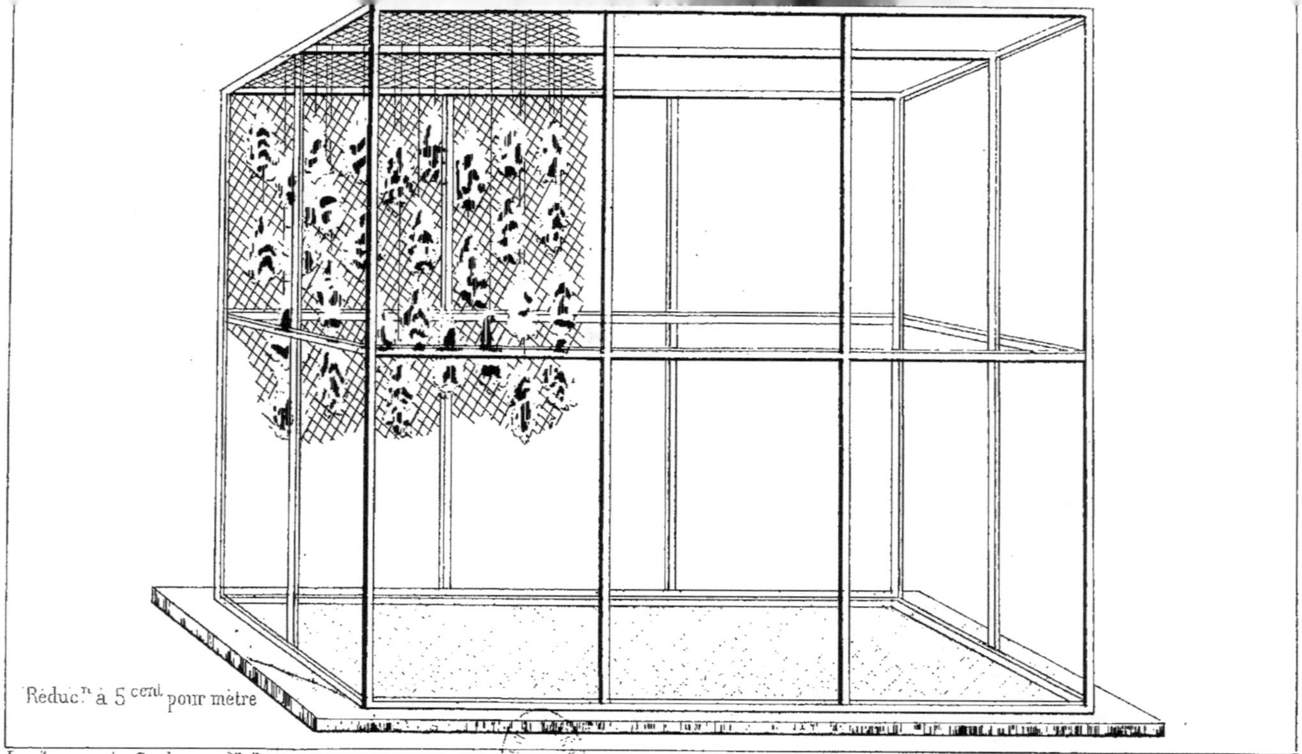

CAGE POUR LE GRAINAGE D'UNE GRANDE CULTURE

tallique aussi fin et aussi clair que possible, les mailles n'ayant que de 6 à 7 millimètres d'ouverture (voir planche XVIII). Le fond est remplacé par un plancher de bois blanc, surélevé de quelques centimètres, et sur lequel on peut encore recueillir les derniers œufs que les mères y déposent, lorsqu'elles n'ont plus la force de les porter ailleurs.

Dans cette cage sont suspendus, en nombre aussi grand que le comportent les dimensions de l'appareil, de petits bouquets de bruyère ou de roseaux à balais, ou de toute autre plante pouvant se conserver pendant quelques semaines sans se trop dessécher. Chaque bouquet doit être d'un poids uniforme. Les papillonnes, ne pouvant se reposer sur le léger treillage dont elles sont entourées et qui n'offre à leurs pattes aucune adhérence, s'attachent aux bouquets qu'elles ont bientôt recouverts de leurs œufs.

Ces graines, qu'il n'est plus nécessaire de détacher, sont pesées, classées et étiquetées suivant la date de la ponte, et conservées avec les mêmes soins que les autres, jusqu'au jour où paraissent les premières chenilles. Nous verrons tout à l'heure comment on les dispose, ce moment arrivé.

Nous avons vu le Bombyx Cynthia dévorer, pendant ses quatre premiers âges, le septième de ce qu'il consomme dans toute son existence à l'état de chenille. Sa consommation totale étant en moyenne de 30 folioles ordinaires; il lui faut donc, pour atteindre son cinquième âge, 4 folioles et demie. Si nous estimons à une foliole et demie la consommation du quatrième âge seul, il nous reste trois folioles pour les trois premiers âges, c'est-à-dire le dixième de la consommation totale.

Dans un hectare régulièrement planté et contenant en chiffres ronds 5,000 pieds d'ailante, 500 buissons suffiront donc à l'éducation des vers pendant les trois premières périodes. Nous pouvons, par conséquent, sur onze lignes d'arbres en consacrer une à cet usage, et nous la distinguerons sous le nom de *ligne d'éducation*.

L'hectare contenant 77 lignes d'arbres portant chacune de 66 à 67 pieds, nous le divisons en sept séries de 11 lignes et nous choisissons, dans chaque série, la ligne du milieu pour en faire la ligne d'éducation. Ainsi, la première série, comprenant de la première ligne à la onzième, aura la sixième pour ligne d'éducation. La seconde série aura la dix-septième, et ainsi de suite jusqu'à la dernière série, dont la ligne d'éducation sera la soixante-douzième de l'hectare.

Pour déterminer ensuite la quantité d'œufs à répartir sur chaque ligne d'éducation, on examine d'abord quelle est la force moyenne de toute la plantation. Si les souches à garnir sont assez fortes chacune pour porter 40 vers, on pourra, sur l'hectare, en nourrir 200,000. Si l'on doit à ce nombre en ajouter le quart pour parer à l'avance aux pertes à prévoir, il faudra donc compter sur 250,000, et chacune des lignes que nous venons d'indiquer en aura le septième, soit en chiffres ronds 36,000 œufs ou 72 grammes.

Ces 36,000 œufs ou plutôt les bouquets qui les portent, sont divisés à leur tour entre cinq ou six arbres seulement, choisis parmi les plus vigoureux et autant que possible dans le milieu de la ligne. Attachés solidement aux tiges principales, ils ne sont pas longtemps sans donner tous leurs vers.

Dès que ces premiers buissons sont à peu près dépouillés de leurs feuilles, les jeunes vers sont distribués sur un nombre double de buissons voisins qui bientôt, à leur tour, ont subi le même sort. Ces derniers servent alors à meubler 24 nouveaux arbres, et ainsi de suite à mesure que la population se grossit et s'étend. La ligne entière doit y passer et même quelques parties des deux lignes voisines, pour que les jeunes larves aient atteint l'âge de l'émancipation.

Au sortir de leur troisième sommeil, elles sont en état de vivre séparées, et le moment est venu de les caser définitivement. C'est alors que les lignes restées vides sont peuplées à leur tour et que chaque pied reçoit le nombre que comporte son âge et sa vigueur.

Si les pertes sont moins grandes qu'on ne l'avait prévu, et qu'il reste plus de vers qu'on ne doit en placer, il vaut mieux les détruire que de les conserver, à moins qu'ils n'aient leur place sur une autre partie qui pourrait en manquer.

Les buissons d'élevage doivent être surtout activement surveillés; des épouvantails doivent en éloigner les petits oiseaux, et le sol doit être encore plus remué là qu'ailleurs. Ces précautions sont d'autant plus faciles à prendre que les jeunes chenilles sont alors en grand nombre réunies au même point. Lorsque plus tard, parvenues à leur quatrième âge, elles sont répandues sur toute la plantation, elles n'exigent plus d'autres soins que ceux que nous avons indiqués au paragraphe précédent : l'entretien du sol et la chasse aux animaux nuisibles. Vingt jours plus tard, commence la récolte des cocons qui se fait également par les moyens précités.

Le service d'un hectare peut être fait par une seule femme, mais il serait impossible à la même personne de surveiller un terrain plus étendu. Il est donc nécessaire d'avoir autant d'ouvrières que la plantation contient d'hectares et de les choisir actives et vigilantes.

Le cheval est employé pour les binages, jusqu'au moment où l'installation des jeunes vers rend son passage dangereux pour des hôtes aussi délicats. Ce travail se fait alors d'autant mieux à la main que les autres façons l'ont rendu plus aisé.

Il est d'ailleurs d'une bonne administration de diriger les éclosions de manière à opérer successivement sur chaque série de la plantation. Cette organisation permet de grouper les ouvrières sur les points les plus pressants, et le travail se fait mieux et plus vite.

Il est inutile de répéter ici ce que nous avons dit relativement au triage et à la conservation des cocons. Les opérations du grainage sont également les mêmes et ne peuvent recevoir aucune modification pour les œufs destinés à la vente.

Nous compléterons ce chapitre par quelques mots très-courts sur la manière dont une grande exploitation d'ailantes doit être divisée, tant pour la surveillance que pour le service et la santé des vers.

Nous avons vu déjà que la plantation doit se faire par massifs d'un hectare, séparés en long et en travers par de petites allées de 3 mètres de largeur.

Il est bon de ménager en outre, à certaines distances, d'autres allées plus larges et plantées de grands arbres, pour préserver les vers de la violence du vent. La planche XIX, qui représente la partie du parc de Flamboin

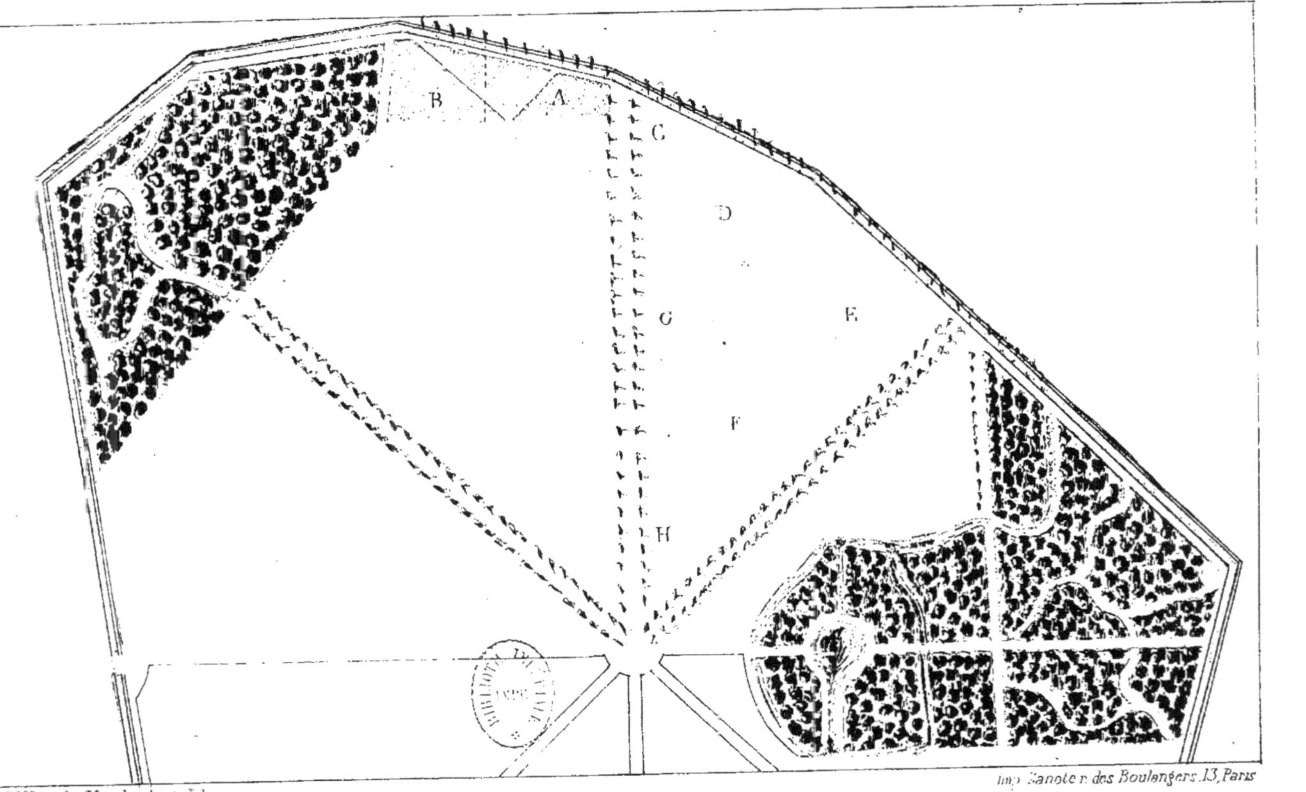

C. Milton de Montherlant del.

Imp. Sanote r. des Boulangers, 13, Paris

PLANTATIONS DU PARC DE FLAMBOIN

dans laquelle se trouvent nos plantations d'ailantes, peut donner une idée de la disposition que nous avons adoptée pour couper tous les vents, disposition qui doit nécessairement varier suivant les circonstances.

La partie désignée par la lettre A est le premier essai, qui date de 1861 ; la partie B l'a complété en 1862. Les massifs C, D, E, n'ont été plantés qu'en 1865, et les trois autres en 1866. Ce ne sera donc qu'en 1867, que nous pourrons donner à nos éducations des proportions réellement agricoles. Nous attendons avec grande confiance ce moment décisif.

CHAPITRE VI

DÉPENSES ET PRODUITS

Nous touchons ici au point le plus délicat, mais aussi le plus intéressant de notre œuvre. Tous les calculs établis jusqu'à présent, tant pour les dépenses que pour les revenus d'une culture d'ailantes, n'ont guère été basés que sur des présomptions purement imaginaires, personne ne possédant encore sur ce chapitre les éléments d'une solution sérieuse et positive.

Il s'agit en effet de déterminer :

1º Quelles sont les dépenses d'une exploitation d'ailantes au point de vue séricicole.

2º Quelle quantité de produits on pourrait en tirer.

3º Quelle est en dernier lieu la valeur des produits.

Nous avons dans les pages qui précèdent les éléments

des deux premières réponses; il ne nous reste qu'à les résumer. Nous sommes malheureusement beaucoup moins avancés sur la troisième question. Nous avons pu toutefois recueillir sur ce point, tout récemment encore, plusieurs données des plus satisfaisantes, et qui nous laissent, pour cette nouvelle culture, des espérances qui semblent très-fondées.

Deux éléments encore nous manquent jusqu'ici : le prix coûtant du dévidage et le rendement en filature. Nous ne pouvons donc procéder sur ces deux points que par analogie avec ce qu'on obtient des cocons du mûrier. Mais, en tous cas, si nos appréciations s'écartent un peu de la vérité, nous n'aurons toujours qu'une erreur de bien peu d'importance.

<h3 align="center">§ I. — Dépenses.</h3>

Les dépenses d'une exploitation séricicole se divisent en frais d'établissement et frais d'exploitation.

Les frais d'établissement qu'entraînent la plantation, le matériel et l'entretien des deux premières années, sont couverts par une première mise de fonds qui vient augmenter la valeur du terrain, mais qui ne se reproduit plus dans les exercices ultérieurs que sous la forme d'intérêt et d'amortissement.

Les frais d'exploitation sont la main-d'œuvre, le loyer, les impositions et les frais généraux; ils reviennent tous les ans, sous la même forme et avec la même importance.

Le matériel d'une petite exploitation n'étant pas le même que celui d'une grande culture, nous diviserons encore ici ces deux genres d'opérations. Nous commencerons donc par établir le devis d'une petite culture, en prenant pour type une plantation de 75 ares, étendue que peut desservir le matériel dont nous avons donné le détail dans nos instructions pratiques.

Première année.

Deux labours à raison de 25 fr l'hectare. . .	37f.50
Hersage et roulage.	6. »
Main-d'œuvre pour la plantation[1]	15. »
3,750 plants à 15 fr. le mille	56.25
Binage et recepage	50. »
Loyer du terrain[2].	75. »
Impositions	9. »
	248.75

Deuxième année.

Amortissement et intérêt de la première année.	24f.85
Deux labours.	37.50
Binage et recepage	50. »
Loyer et impositions.	84. »
24 baquets à 30 fr. l'un.	750. »
2 caisses à papillons à 10 fr.	20. »
3 boîtes de ponte à 15 fr.	45. »
Un petit appareil à cocons	5. »
Bâtons et crochets.	3. »
4 tréteaux	4. »
8 grammes de graines de vers à soie[3] . . .	20. »
	1,043.35

[1] La plantation de 75 ares peut être faite en deux journées par deux hommes et un aide : les deux premiers payés 3 fr. et le troisième 1f.50

[2] Nous prenons, pour base de la valeur locative, l'intérêt à 5 pour 100 du prix d'une terre de moyenne qualité, que nous portons à 2,000 fr. l'hectare. Tous nos calculs sont basés sur l'intérêt à 5 pour 100, comme dans toute opération industrielle. On trouvera dans bien des circonstances des loyers beaucoup moins onéreux.

[3] Avant la troisième année, les jeunes ailantes ne sont pas encore assez forts pour être mis en exploitation. On peut cependant, dès la seconde, en

Troisième année.

Intérêt et amortissement de la 1re année.	240.85
— — de la 2e —	104.35
Deux labours.	37.50
Binage et recepage	50. »
Loyer et impositions.	84. »
Frais de garde pendant 3 mois à 1^f.25.	112.50
	413.20

La quatrième année, les frais seront les mêmes et se reproduiront ainsi tous les ans. Les dépenses de la troisième année étant à peu près couvertes par les produits de la première éducation, ne viendront pas grever de leurs intérêts les budgets des années suivantes.

Le recepage annuel peut donner une centaine de bourrées dont la valeur est d'environ 20 francs. Nous laissons cette somme de côté pour l'entretien du matériel que, pour cette raison, nous ne portons pas en compte.

Ainsi les frais de premier établissement, en y joignant le loyer des deux premières années, s'élèvent à 1.292^f.10 et les frais annuels à 413,20. Nous n'avons rien porté pour les frais généraux qui devraient comprendre les frais d'expédition des soies, les frais de bureau, les frais de négociation, etc., qui sont de quelque importance dans une grande industrie, mais qui ne peuvent être considérés ici comme une valeur sérieuse.

Nous ne portons pas non plus au chiffre des dépenses les frais de fumure; les déjections des vers suffisant large-

distraire quelques feuilles pour une petite éducation qui donnera, pour l'année suivante, la quantité de graines dont on aura besoin. Ces graines seraient encore, sans cette précaution, l'objet d'une dépense assez considérable. Huit grammes suffiront pour assurer ce résultat.

ment pour conserver au sol toute sa fertilité. On peut voir, page 20, que les Chinois qui cultivent l'ailante considèrent le fumier comme chose fort inutile.

Les frais d'une grande exploitation sont proportionnellement bien moins considérables, la dépense des baquets n'étant plus nécessaire. Nous les établirons ainsi, en prenant pour base une terre de six hectares :

Première année.

Deux Labours à raison de 25 fr. l'hectare	300f. »
Hersage et roulage	20, »
Main-d'œuvre pour la plantation[1]	90. »
30,000 plants d'un an à 15 fr. le mille[2]	450. »
Binage pendant l'été	300. »
Recepage	18. »
Loyer du terrain.	600. »
Impositions.	72. »
	1850f. »

Deuxième année.

Intérêt et amortissement de la 1re année	185f. »
Deux labours.	300. »
Binages	300. »
Recepage	24. »
Loyer et impositions.	672. »
Frais d'une petite éducation pour la graine[3]. . . .	75. »
Acquisition de 2,000 cocons vivants[4].	100. »
A reporter	1656f. »

[1] Cette plantation peut être faite en 12 journées avec 2 hommes et un aide, soit à 7,50 par jour.

[2] La dépense des plants sera presque annulée si l'on a pris, l'année précédente, la précaution de semer sur 5 à 6 ares de terrain de 1200 à 1500 grammes de graine d'ailante.

[3] Cette petite éducation exigera la présence d'une femme pendant deux mois, soit 60 journées à 1f 25.

[4] Au lieu d'acheter de la graine, il sera plus avantageux de se procurer 2,000 cocons vivants pour en diriger soi-même le grainage par les procédés indiqués, page 107.

Report	1656^f. »
12 caisses à papillons à 10 fr.	120. »
Cage pour la ponte [1]	180. »
	1956. »

Troisième année.

Intérêt et amortissement de la 1re année	185^f. »
— — de la 2e —	195.60
Deux labours	300. »
Binages [2]	350. »
Recepage	36. »
Loyer et impositions	672. »
Frais de garde pendant 4 mois [3]	900. »
Frais généraux	211.40
	2850. »

Les frais de la troisième année seront plus que couverts par les produits, et ne grèveront pas de leurs intérêts les dépenses des années suivantes qui resteront les
mêmes. Ainsi les frais de premier établissement seront
pour six hectares de 3,806 fr. soit par hectare 634^f.35
et les frais annuels de 2,850.

Quelques-uns de ces chiffres sont assez élevés. On trouvera certainement bon nombre de terrains propres à la
culture de l'ailante, et dont le loyer ne sera pas de
100 francs. La main-d'œuvre ne sera pas non plus partout
ce que nous la comptons. Ce sont les conditions des en-
virons de Paris, conditions dont nous devions tenir
compte; car c'est surtout dans ces grandes propriétés,
qui sont encore si nombreuses dans les départements voi-

---

[1] Cette cage, pour desservir une plantation de six hectares, doit avoir
2 mètres de haut sur autant de longueur et 1 mètre de profondeur. Sa
capacité est de 4 mètres cubes.

[2] Nous avons augmenté le prix des binages pour la troisième année, la
houe à cheval ne devant plus fonctionner en présence des vers.

[3] Nous comptons ici une femme par hectare à 1^f.25 par jour pendant
120 jours.

sins de la capitale, qu'il serait avantageux de cultiver l'ailante. Ces brillantes résidences augmenteraient leur revenu sans rien perdre de leurs agréments, ce genre d'exploitation ne pouvant que gagner à la multiplication du
gibier.

§ 2. — **Produits.**

Une plantation d'ailantes pourrait à la rigueur, dès la
seconde année, recevoir quelques vers, mais comme ce
serait nuire au développement des jeunes arbres que de
les priver trop tôt de leurs feuilles, il est mieux d'attendre à la troisième année. On peut seulement, comme
nous l'avons dit, consacrer quelques plants à une petite
éducation, qui fournira la graine de la saison suivante.
Ainsi, pour 75 ares, cette première éducation doit être
dirigée de manière à produire au plus 2,000 cocons ;
pour 6 hectares, il n'en faut que de 8 à 10,000. Mais les
pertes étant d'autant plus grandes que les éducations se
font sur une plus petite échelle, il sera sage d'opérer avec
le double de graines au moins pour obtenir la quantité
dont nous venons de parler.

Ces résultats de la seconde année, très-importants si
l'on considère l'économie qui en est le fruit, sont si peu
de chose comme production de soie, qu'il serait inutile
de les porter en compte. Nous regardons donc les deux
premières années comme nulles quant au produit.

Des plantations bien dirigées et placées dans un sol

favorable à l'ailante, auront, dès la troisième année, sur chacune de leurs souches, de trois à quatre tiges. Nous ne leur donnons encore, pour cette première campagne, que vingt-cinq vers par pied, bien que, d'après notre formule, des buissons de cette force puissent en porter un bon tiers de plus. Mais nous avons encore à ménager nos arbres qui seront d'autant plus forts, l'année suivante, que nous aurons moins contrarié leur végétation.

En portant la perte à un cinquième, nous avons encore sur la petite plantation une récolte de vingt cocons par arbre, soit donc 75,000 cocons sur les 3,750 pieds dont elle est composée.

Nous verrons dans le chapitre suivant que la matière textile contenue dans ces cocons leur donne une valeur qui peut être, dès à présent, évaluée à 5 francs pour un mille, ce qui porte le revenu des 75 ares pour cette troisième année à 375 francs.

Les frais annuels étant de 413ᶠ,20 laissent donc pour cet exercice un déficit de 38ᶠ,20, mais qui n'est après tout que de convention, car il ne représente pas même la somme portée pour l'amortissement des deux premières années[1]; et nous pourrions, sans nous écarter des règles d'une bonne administration, ajourner cet amortissement aux années de rapport.

L'année suivante, les souches recépées ont pris un plus grand développement, et portent de quatre à cinq tiges, dont on peut alors sans inconvénient tirer tout le parti possible. Chacune d'elles reçoit donc en moyenne

---

[1] Nous avons fait figurer parmi les dépenses de la troisième année 129ᶠ,20 pour intérêt et amortissement de la dépense des deux premières années. L'amortissement figurant pour moitié dans ce chiffre est de 64ᶠ,60.

environ 50 vers qui produisent, toute perte déduite, 150,000 cocons, soit quarante par pied. La valeur de cette récolte étant de 750 francs, il reste en bénéfice net 336^f,80, chiffre assez beau déjà pour n'être pas à dédaigner.

Mais si cette petite exploitation se trouve entre les mains d'un cultivateur faisant lui même ses labours et ses binages, en dehors de ses autres cultures; si ce dernier peut, d'un autre côté, faire soigner les vers par sa femme ou l'un de ses enfants, il ajoute à ses bénéfices la valeur de ces travaux, c'est-à-dire 200 francs. Dans ces conditions, le revenu s'élève, en dehors du loyer et des impositions, à 536,80, somme que peu de cultures peuvent régulièrement tirer de 75 ares.

Il n'en faudra pas moins de bien brillants succès pour déterminer nos prudents agronomes de village à risquer une dépense comme celle que demande la culture de l'ailante. Ils ne feraient cependant, en cela, qu'imiter leurs intelligents confrères de l'extrême Orient, qui ne manquent pas d'utiliser ainsi les terrains voisins de la ferme ou de l'habitation.

Le produit que nous venons d'indiquer peut encore augmenter par l'accroissement des souches; mais nous ne pensons pas que cette augmentation soit jamais importante. Car la nécessité d'aérer la plantation entraînerait, dans ce cas, la suppression d'un certain nombre de tiges qui seraient un obstacle à la circulation de l'air.

Pour une exploitation de six hectares, nous calculerons le revenu sur les mêmes bases. La troisième année, nous aurons une demi-récolte, qui, à raison de 20 cocons par pied, nous donnera sur 30,000 plants, 600,000 cocons

Ces 600,000 cocons, valant 3,000 francs, couvriront et au delà la dépense de l'année. Il nous restera même un petit bénéfice. Mais la saison suivante, donnant un produit double, laissera comme produit net 3,150 francs, soit donc 525 francs par hectare.

Si l'on ajoute à cette somme les 100 fr. de loyer portés en dépenses, on peut dire que le revenu d'un hectare d'ailantes, dans une terre de qualité moyenne, doit être en chiffres ronds de 600 fr. au moins.

Des chiffres plus brillants ont été présentés, et même à une époque où l'on regardait encore l'ailante comme la providence des sols les moins fertiles. Mais ces chiffres, d'ailleurs très-contestables, n'étaient basés que sur des pesées comparatives de feuilles d'ailante et de feuilles de murier. Les nôtres reposent sur des expériences directes et beaucoup plus positives. Sur le produit réalisé de 2,000 pieds d'arbres, on peut, sans crainte d'erreur, calculer le revenu de l'hectare entier.

Nous sommes heureux d'ailleurs d'être encore, sur ce point, d'accord avec M. de Lamote Baracé, qui, par d'autres calculs, fondés également sur la pratique, arrive exactement au même résultat. Dans un rapport adressé à la Société d'agriculture de Tours, le 25 octobre 1861, M. de Lamote Baracé s'exprimait ainsi :

« Jusqu'ici il m'avait été impossible de répondre à la « question qui m'a été posée bien souvent, à savoir quel « pouvait être le rendement en cocons d'un hectare, et « encore aujourd'hui je n'oserais que sous toutes réserves « poser un chiffre qui pourrait ne pas être exact. Cepen- « dant je crois qu'un hectare planté régulièrement en « vernis du Japon portant 0^m.07 de diamètre à la hauteur

« d'un mètre [1], devrait donner 200,000 cocons; c'est du
« moins à peu près ce que j'ai obtenu cette année à la
« première éducation. Je dis à peu près parce que mes
« arbustes étant d'âges différents et plantés inégalement,
« ce n'est qu'approximativement que j'ai fait ce calcul. »

Sur des terrains inférieurs en qualité, le revenu sera
proportionné à la quantité de feuilles produite. On devra,
dans ce cas, apprécier avec soin la valeur des recettes et
le chiffre des dépenses, avant d'entreprendre une opération qui deviendrait onéreuse, si le nombre des cocons ne
suffisait pas à couvrir les frais d'exploitation. Mais comme
l'ailante est loin d'exiger un sol exceptionnel, il y a peu
de terres cultivées qui ne puissent être appliquées avec
avantage à ce genre de sériciculture.

[1] A l'époque où ces lignes étaient écrites, on ignorait encore l'importance
du recepage annuel, dont M. Guérin Méneville avait seulement fait entre-
voir la possibilité.

CHAPITRE VII

VALEUR ET EMPLOI DE LA SOIE DE L'AILANTE

§ 1er. — Couleur, finesse et qualité de la soie.

La teinte grise qui distingue le fil du Cynthia, l'aspect terne et rugueux que présente son cocon, ont fait prendre sa soie pour une matière commune, n'ayant guère de mérite que la force du brin. Nous pouvons aujourd'hui rectifier cette erreur.

Comme la soie du mûrier, la soie de l'ailante est couverte d'une couche de matière glutineuse qui vient consolider le travail de l'insecte. Le Bombyx Cynthia, qui doit passer l'hiver au milieu de sa coque, a dû se prémunir contre tous les frimas. Il s'est donc entouré d'une épaisse muraille dont tous les éléments sont soudés avec soin. La pluie, la neige, le froid n'y sauraient pénétrer.

La soie seule ne pourrait le garantir ainsi. Il a fallu, de plus, un corps complémentaire, imperméable à l'eau, réunissant les fils, remplissant en un mot le rôle du vernis dans nos toiles cirées.

Mais ce corps étranger, que l'on appelle *grès*, recouvre seulement la matière soyeuse; il n'en fait pas partie. La soie pure est blanche, et la chimie peut lui rendre sa couleur naturelle en enlevant ce grès.

Un fait assez curieux nous a bien prouvé que la teinte grisâtre n'est pas celle de la soie. En novembre dernier, nous voulions étudier le travail d'une chenille commençant son cocon. Nous l'avions, dans ce but, installée sur une feuille et fixé cette dernière au moyen d'une épingle au cadre d'une glace.

Le soir même, notre ver commençait son travail; mais, trouvant sans doute que cet établissement n'offrait pas à son œuvre assez de garanties, il en assurait la solidité en entourant l'épingle d'un réseau de fils rattachés çà et là par plusieurs petits câbles aux moulures du bois. Ces précautions prises, il descendait plus bas et tapissait la feuille d'une première couche de soie dans laquelle il finit par rouler son cocon, à 3 centimètres au moins au-dessous de l'épingle.

Le cocon porte bien la teinte ordinaire. Mais le tour de l'épingle est du blanc le plus pur et le plus éclatant. Cette différence s'explique facilement. Les cocons, sur les arbres, sont sans cesse agités par la brise; la liqueur projetée sur les couches intérieures se répand en tous sens, suivant la position que fait prendre à la coque la direction du vent. Dans une chambre, au contraire, tout reste immobile. Le grès ne peut monter au delà des limites atteintes par le ver. La partie supérieure n'en peut rien recevoir. Sa couleur primitive reste intacte et brillante.

Depuis longtemps déjà, nous avions remarqué l'éclat des premiers fils que forme le ver avant de s'envelopper ; mais ces fils reprenant, quelques heures plus tard, l'aspect terne et gris que nous leur connaissons, rien ne nous indiquait que cette dernière couleur ne fût pas produite par l'une des substances dont se compose la soie proprement dite.

Le fait que nous venons de citer décide la question et ne permet plus de douter que la soie de l'ailante ne soit naturellement blanche, et que la teinte dont elle est recouverte ne soit bien celle d'un corps qui lui est étranger. La chimie, de son côté, en donne une autre preuve, en détruisant le grès, sans nuire à la force du fil.

La finesse ou titre d'une soie se détermine par le poids d'une longueur convenue, adoptée par l'industrie pour toutes les épreuves, et qu'on fixe à 500 mètres. Le titre exprime le nombre de deniers ou grains que pèse cette unité de longueur ; on dit ainsi qu'une soie dont 500 mètres pèsent 10 grains, est au titre de 10 deniers.

Plusieurs échevettes de soie provenant de nos cocons de 1864 ont été essayées à Lyon, et la moyenne des épreuves a donné comme titre 14,21 à 500 mètres et 13,49 au titre ancien[1], c'est-à-dire que les flottes d'essai de 500 mètres de longueur pesaient en grains 14,21 ou 755 milligrammes, soit 1,510 milligrammes pour 1,000 mètres.

A ce taux, le kilogramme donne en longueur 662,254 mètres, et comme le fil éprouvé était filé à 7 cocons, c'est-à-dire composé de 7 fils simples réunis, un fil simple don-

---

[1] La longueur type n'était autrefois que de 400 aunes ou environ 475 mètres. C'est encore ce dernier chiffre qui sert de base dans ce qu'on appelle le titre ancien.

nerait au kilogr. sept fois plus de longueur, c'est-à-dire 4,635,757 mètres [1].

La finesse indiquée par ce titre dépasse celle des meilleures soies connues. Le brin simple des cocons des Hautes Cévennes, cocons considérés comme donnant les soies les plus fines de France, pèse en moyenne 2 deniers 1/4 ancien titre[2] ; le brin simple de notre soie d'ailante ne pèserait, d'après les chiffres que nous avons donnés, que $1^d.92$. Mais comme le grès est à moitié dissous dans notre dévidage, tandis qu'il reste entier dans la soie du mûrier, nous devons tenir compte de cette circonstance qui remet les deux soies dans des conditions à peu près identiques.

La finesse et le brillant ne sont pas les seules qualités qu'on recherche dans la soie, lorsqu'elle doit être employée comme matière textile. Il est de la plus haute importance que le fil, dans ce cas, se prête sans se casser aux divers mouvements qu'exige le tissage.

La soie la plus parfaite est donc celle qui offre le plus de résistance et d'élasticité.

La force de résistance ou ténacité du fil se mesure par le poids ou l'effort nécessaire pour amener sa rupture. L'allongement de ce fil, au moment où il casse, indique en même temps son élasticité ou mieux sa ductilité.

Ces deux épreuves se font simultanément sur un instrument spécial d'une extrême précision, qui se nomme *sérimètre*. La longueur du fil soumis à la tension est ordinairement de $0^m.50$. Le résultat se double pour l'élasticité, comme si l'on avait opéré sur un mètre.

---

[1] Cette multiplication, qui ne serait pas absolument exacte pour la soie du mûrier, l'est ici, notre fil n'ayant pas été dévidé sur le tour ordinaire et n'ayant pas éprouvé l'allongement que donne la croisure.

[2] *Mémoire sur la filature de la soie*, par M. Robinet, page 27.

Nos flottes de soie d'ailante essayées à Lyon, au bureau public dé conditionnement, nous ont donné sur cinq expériences les résultats suivants :

	Ténacité en grammes.	Élasticité en millimètres.
1re Épreuve	60	140
2e —	60	160
3e —	60	160
4e —	70	180
5e —	70	180
Moyenne	64 gram.	164 millim.

D'après cette moyenne, le fil, pour se rompre, exige un poids de 64 grammes, et il peut s'allonger, avant de se casser, de 164 millimètres, c'est-à-dire de 16,4 p. 100.

Or, d'après M. Robinet, la moyenne pour la soie du mûrier du même titre que les nôtres, serait de 49 grammes pour la ténacité et de 154 millimètres pour la ductilité [1].

Mais la soie sur laquelle nous avons eu nos chiffres était désagrégée et, par cette raison, d'un titre plus élevé que la grége éprouvée par M. Robinet. Il nous a donc fallu, pour trouver le même titre, chercher dans ses tableaux des soies à 6 cocons.

Or, la nôtre est à 7, et pèse pour 500 mètres 755 milligrammes. Le titre le plus fin des gréges à 7 cocons, que M. Robinet ait expérimenté, ne pèse pas moins de 900 milligrammes et donne pour la moyenne de la ténacité un peu plus de 62 grammes et pour la ductilité 166 millimètres [2].

---

[1] *Recherches sur la production de la soie en France*, par M. Robinet, pages 90 et 114.

[2] *Ibid.*, pages 98 et 120.

Le même auteur trouve, pour la moyenne de toutes les soies à 7 cocons, 957 milligrammes pour le titre, 68 grammes pour la ténacité et 188 millimètres pour la ductilité[1].

Si nous ne pouvons, à cause des différences de titre sur un même nombre de cocons, faire des comparaisons sur les mêmes numéros, nous voyons cependant que la proportion de la ténacité et de la ductilité par rapport au titre de la soie est toujours bien en faveur de l'ailante.

Mais nous devons encore à l'obligeance de M. J. Persoz, le savant professeur du Conservatoire des arts et métiers, et directeur de la condition publique des soies et des laines à Paris, d'autres points de comparaison encore plus directs.

Cet habile praticien a bien voulu faire 28 expériences sur nos dernières récoltes obtenues en plein air. En opérant sur le fil simple détaché du cocon, il a trouvé les résultats suivants :

		Ténacité	Élasticité
1re Épreuve	....	8	120
2e —	....	13	150
3e —	....	11	170
4e —	....	10	160
5e —	....	11	130
6e —	....	8	70
7e —	....	10	120
8e —	....	11	140
9e —	....	13	140
10e —	....	8	70
11e —	....	6	90
12e —	....	7	130
13e —	....	13	150
14e —	....	13	200

[1] *Recherches sur la production de la soie en France*, par M. Robinet, page 126.

		Ténacité	Élasticité
15ᵉ	Épreuve	10	150
16ᵉ	—	7	80
17ᵉ	—	7	100
18ᵉ	—	9	190
19ᵉ	—	7	110
20ᵉ	—	9	160
21ᵉ	—	11	100
22ᵉ	—	14	200
23ᵉ	—	10	120
24ᵉ	—	10	160
25ᵉ	—	11	180
26ᵉ	—	10	120
27ᵉ	—	11	140
28ᵉ	—	7	100
Moyenne....		9,8	184

Ainsi, d'après M. Persoz, la moyenne de ténacité d'un fil simple de nos soies d'ailante serait de 9, 8. M. Robinet a trouvé pour la soie du mûrier 8,96, mais ce chiffre est obtenu par une division sur des soies à 6 cocons; or, la ténacité réelle d'un brin étant toujours inférieure à la ténacité calculée sur un fil composé, le chiffre donné par M. Robinet doit être encore supérieur à la réalité.

Il en est de même pour la ductilité; nous avons ici 134 millimètres, et M. Robinet n'en trouve que 126 pour la moyenne des fils de 3 cocons. Il n'a pas calculé sur le brin d'un seul cocon qui eût encore donné un moindre allongement, puisque, d'après le même auteur, le fil s'allonge d'autant plus facilement qu'il se compose d'un plus grand nombre de brins.

Il résulte donc de tous ces détails que la soie de l'ailante ne le cède en rien aux produits du même genre, et qu'elle offre surtout les qualités requises pour faire de bons tissus. Nous allons voir bientôt dans quelles conditions elle pourra les fournir.

§ 2. — Dévidage.

Le dévidage du cocon est le point sur lequel nous sommes encore le moins avancés. La raison en est simple. Des personnes compétentes et réellement versées sur cette question pouvaient-elles l'étudier bien sérieusement, tant que la production de la matière première restait elle-même à l'état de problème ? Et encore aujourd'hui, que cette production parait plus assurée, saurions-nous fixer l'époque à laquelle elle sera suffisante pour alimenter des machines et des établissements? Les plantations exploitées ont à peine quelques ares, et si quelques terrains d'une plus grande étendue sont consacrés à cette nouvelle culture, cette destination est de date si récente qu'il faut encore du temps pour qu'ils donnent des produits.

Des essais cependant ont été commencés et se poursuivent même avec quelque succès. Madame la baronne de Pages, née comtesse de Corneillan, nièce du célèbre Philippe de Girard, à qui l'industrie doit la filature du lin, a déjà présenté de très-beaux résultats.

M. le docteur Forgemol, dont nous avons eu plus haut l'occasion de citer le nom, est également l'auteur d'un procédé nouveau, auquel il vient encore d'ajouter récemment des améliorations dont on dit beaucoup de bien.

Les systèmes de ces deux inventeurs, qui ont obtenu à diverses expositions et dans plusieurs concours de nombreuses et justes récompenses, sont garantis chacun par un brevet.

D'autres tentatives non moins heureuses ont été faites

chez M. Aubenas, filateur à Loriol, dont nous avons tenu des produits remarquables.

Enfin, les flottes sur lesquelles nous avons étudié la qualité de nos soies ont été dévidées par un Lyonnais, à qui M. Gélot, agent commercial du Paraguay et l'un des plus zélés partisans de l'ailante, avait remis nos cocons.

Mais si ces dévidages sont une preuve certaine que le fil du Cynthia soit un fil continu, aucun d'eux cependant n'est encore arrivé à cet état pratique qui pourrait nous donner un prix de revient sérieux. Une difficulté reste encore à résoudre.

Le grès, qui entoure le brin de la soie, en colle tous les fils, et l'on ne peut détacher ces derniers qu'après avoir ramolli cette matière glutineuse.

Pour la soie du mûrier, le ramollissement s'obtient par l'action de l'eau chaude. « Le grès, dit M. Robinet[1], est « insoluble dans l'eau froide et dans l'eau chaude; celle-ci « le ramollit seulement, et encore faut-il que l'action de « l'eau soit prolongée, si elle n'est que tiède, ou que la « température soit portée de 80 à 90 degrés centigrades, « si l'on veut obtenir un effet immédiat. Mais il est bien « entendu que l'eau, quelque chaude qu'elle soit, ramol- « lit seulement la matière glutineuse et ne la dissout « pas. »

Le même savant ajoute que ce grès est, par contre, soluble dans tous les alcalis, qu'il se trouve seulement à la surface du fil, en sorte que la soie reste entièrement pure, après son enlèvement. On peut donc facilement détruire cette matière avant le dévidage; mais on s'en garde

---

[1] *Mémoire sur la filature de la soie*, par Robinet; Paris, 1839, page 26.

bien. Lorsqu'elle est ramollie, elle devient en effet, surtout pour cette opération, un précieux auxiliaire.

Le fil d'un seul cocon paraît simple à l'œil nu ; il est pourtant lui-même composé de deux fils que le ver élabore simultanément par ces deux ouvertures contigües qu'on appelle filières. Ces deux fils réunis par le grès se séparent sous l'action d'un agent alcalin.

« Il résulte de ce fait, dit encore M. Robinet, qu'il est « bien important dans la filature du cocon d'éviter toute « circonstance qui pourrait opérer la séparation des deux « brins, puisqu'il en résulterait nécessairement une rup- « ture immédiate, par suite de l'excessive finesse à laquelle « ils seraient réduits. Les soies imparfaites doivent casser « bien plus souvent que les autres à la filature, puisque « dans tous les points où l'un des brins forme une anse, « l'effort du tour n'agit plus que sur l'autre [1]. »

Ce n'est pas tout encore. Ce que fait le ver en agrégeant ses deux fils, se reproduit plus tard dans le dévidage même, par le passage à la filière du tour. Là viennent se réunir et se resserrer les brins des cocons plus ou moins nombreux qui doivent concourir à la composition du fil. La matière glutineuse dont ils sont recouverts, et qui se trouve à peu près à l'état d'une cire molle, les soude les uns aux autres pour en former ce fil solide et régulier, connu dans le commerce sous le nom de soie grége. Le brin d'un des cocons vient-il à se briser, qu'il suffit à l'ouvrière de l'approcher des autres pour qu'il soit, à l'instant, solidement rattaché.

Malheureusement le grès des cocons de l'ailante ne se

---

[1] *Mémoire sur la filature de la soie,* par Robinet, page 11 ; Paris, 1829.

ramollit pas sous l'action de l'eau chaude, mais l'alcali le dissout parfaitement. On n'a donc, jusqu'ici, cherché qu'à le dissoudre, ce qu'il faut justement éviter à tout prix. On a, par ce traitement, désorganisé le fil ; les ruptures sont fréquentes, les irrégularités nombreuses. Le dévidage, en outre, est bien loin de produire tout ce qu'il doit donner. Atteinte elle-même par l'agent alcalin, la soie ne tarde pas à perdre toute sa force et sa ductilité. Des flottes soumises au conditionnement, trois mois seulement après le dévidage, se trouvent énervées au point de ne pouvoir plus supporter le compteur.

Le dévidage est donc surtout une question de chimie. Le jour où, par l'emploi d'un agent chimique non dissolvant, on sera parvenu à ramollir le grès, nous aurons une soie grège et toutes ses qualités. La science, dans notre siècle, a fait tant de merveilles, que nous ne doutons pas qu'elle n'arrive bientôt, si ce n'est déjà fait, au résultat qu'elle cherche.

Les Chinois, d'ailleurs, ont depuis fort longtemps résolu le problème. Dans la séance du 9 janvier 1860, M. Guérin Méneville présentait à l'Académie des Sciences des fils et des tissus fabriqués en Chine avec la soie produite par le ver de l'ailante, et s'exprimait ainsi :

« Ayant appris du savant professeur Baruffi que M. le « chanoine Ortalda, directeur des missions étrangères à « Turin, allait organiser une exposition des produits de « l'industrie chinoise envoyés par les missionnaires, et « qu'il y aurait des soies de l'ailante, j'ai demandé quel- « ques échantillons de ces dernières, et je viens de les « recevoir, avec la garantie, donnée par le vénérable « chanoine Ortalda, de leur authenticité.

« Ces échantillons, que je fais passer sous les yeux de
« Messieurs les membres de l'Académie, montrent que la
« soie de l'ailante est très-supérieure à celle du ricin, et
« qu'elle sert en Chine à faire des étoffes qui approchent,
« pour la finesse et le lustre, de celles que l'on fabrique
« avec la soie du mûrier.

« Le n° 1 offre un tissu d'un bleu clair qui pourrait
« rivaliser avec nos plus jolies soieries européennes.

« Le n° 2 est une étoffe écrue qui semble être d'une
« très-grande force et d'un tissu très-serré.

« Le n° 3 est fabriqué avec de la bourre de soie ou filo-
« selle et ressemble assez à une fine toile écrue.

« Quant au n° 4, c'est une sorte de gaze ou de tissu
« analogue à celui que l'on fabrique en Europe pour les
« blutoirs. Il est d'une régularité remarquable, et ses
« fils, comme ceux des n°s 1 et 2, semblent formés d'une
« soie continue ou grége très-belle.

« On voit par ces échantillons que les Chinois tirent un
« très-bon parti de cette matière textile, soit qu'ils la tis-
« sent à l'état de filoselle, soit qu'ils l'emploient en grége.
« S'ils font de la soie grége avec ces cocons ouverts, ne
« peut-on pas espérer que nos habiles filateurs français
« n'arrivent promptement au même résultat ? »

§ 3. — **Richesse du cocon.**

En attendant que cette grave question du ramollissement et de la conservation du grès puisse être résolue, et
que le dévidage nous donne sur le rendement des rensei-

gnements exacts, nous allons comparer le cocon de l'ailante au cocon du mûrier, et par analogie nous pourrons établir, approximativement, la richesse en soie de la nouvelle espèce.

Les races qui produisent le cocon du mûrier sont très-variées de taille. La grosse race de Provence est bien le double au moins des races du Japon ; entre ces deux extrêmes, il en est beaucoup d'autres. Mais, quelle que soit la force du papillon, il est admis qu'il enlève, en quittant son cocon, les cinq sixièmes du poids de ce dernier.

Après le départ de l'insecte parfait, la coque contient encore la peau sèche de la larve et l'enveloppe de la nymphe. Ces légères reliques du ver ressuscité prennent encore environ 12 p. 100 du poids du cocon vide.

Sur dix cocons percés qui, bien secs, pesaient 330 centigrammes, M. Guérin Méneville a trouvé pour les peaux 40 centigrammes. Nous avons répété la même expérience sur 10 cocons ouverts que nous avait donnés M. Jacquier, de Troyes, et qui pesaient 290 centigrammes. Les peaux enlevées ont fait perdre à ce poids 36 centigrammes, soit 12,41 p. 100. La proportion trouvée par M. Guérin Méneville donnait seulement 12,12 p. 100. Cette légère variation peut très-bien provenir du degré de sécheresse. En prenant la moyenne, nous avons 12,26 et comme ces 12,26 portent sur le sixième du poids du cocon frais, les deux peaux sont comprises dans ce dernier poids pour près de 2 p. 100 [1].

Le $\frac{1}{6}$ de 1 est 0,1666 ;

$$12,26 \text{ p. } 100 \text{ sur } 0,1666 = \frac{0,1666 \times 12\ 26}{100} = 0,020424$$

soit donc à peu près 2 centièmes ou mieux 2,042 p. 100.

Ainsi le papillon enlève au cocon frais les 5/6 de son poids, soit 83,334 p. 100; les peaux, 2,042 p. 100 soit donc en tout 85,376 p. 100. Les 14,624 qui restent sont bien le poids de la matière soyeuse, c'est-à-dire de la soie, de la bourre et du grès.

Appliquons maintenant les mêmes calculs au cocon de l'ailante.

Le poids du cocon frais que l'on peut obtenir sous notre climat, doit être en général de 2,5 à 3 grammes. La dernière récolte[1] nous donnait 2,60. Cinq expériences faites sur 500 cocons vides, de la même saison, nous ont donné les résultats suivants :

Les 100 cocons de la 1re pesée enlevaient 45 grammes
   100   —   —   2e   —   —   42   —
   100   —   —   3e   —   —   45   —
   100   —   —   4e   —   —   42   —
   100   —   —   5e   —   —   45   —
                                   Ensemble ils ont pesé   219 grammes

dont la moyenne est de 43,8. Cent cocons pleins pesaient 260 grammes ; le départ de l'insecte leur avait donc fait perdre 216,2, soit 83,154 p. 100 de leur poids primitif.

Nous avons pris ensuite vingt des mêmes cocons pesant ensemble 8 grammes 70 centigrammes. Fendus en deux parties et les peaux enlevées, ils ne pesaient plus que 6 grammes 35 ; ils avaient donc perdu 235 centigrammes, soit 27 p. 100. Ce chiffre dépasse un peu celui de 24 p. 100 qu'avait trouvé M. Guérin Méneville dans une expérience de la même nature. Mais pour être certain d'être plutôt au-dessous qu'au-dessus de la vérité dans

---

[1] La récolte de 1865.

notre appréciation, calculons sur ce chiffre, de 27 p. 100, sans prendre la moyenne comme nous l'avons fait pour la soie du mûrier. Ces 27 p. 100 du poids du cocon vide qui lui-même ne représente que 16,846 p. 100 du poids du cocon frais, enlèvent donc encore à ce dernier poids 4,549 p. 100[1]; en sorte qu'il ne reste plus, pour la matière soyeuse, que 12, 297 p. 100.

Il résulte de tous ces chiffres que 100 kilogrammes de cocons frais du mûrier contiennent en moyenne 14^k624 grammes de matière soyeuse, tandis que le même poids en cocons de l'ailante ne doit en contenir que 12^k297.

§ 4. — **Valeur de la soie de l'ailante.**

Dans le chapitre VI, nous avons apprécié la valeur de la soie à 5 fr. par mille cocons. Nous avons pris cette base pour rendre plus faciles les comptes de culture. Pour le prix de revient, il est mieux d'établir cette valeur au kilogramme.

Le poids du cocon frais varie, comme on l'a vu, de 2,5 à 3 grammes. En moyenne un kilogramme pourra donc contenir 350 cocons; ce qui en met le prix à $1^f.75$. Avec le minimum, il en faudrait 400 pour faire le kilogramme, qui, dans ce dernier cas, reviendrait à 2 fr. Prenons ce dernier chiffre pour n'avoir pas d'erreur; et pour nous rendre compte des conditions auxquelles ce prix fait res-

---

[1] $27 \text{ p. } 100 \text{ sur } 16,846 = \dfrac{16,846 \times 27}{100} \quad 4,54842$

sortir la soie, continuons notre étude sur celle du mûrier.

Le rendement des cocons à la filature est assez variable suivant la provenance et la qualité. M. Guérin Méneville a fait sur cette question des travaux très-précis, en comparant entre eux les produits de différentes races du midi de la France. Le tableau qui va suivre contient le résultat d'un grand nombre d'épreuves faites par ce savant, et nous donne des moyennes exactes, autant qu'on peut les obtenir de produits si variables.

POIDS DES COCONS FRAIS en kilogrammes.	SOIE GRÉGE obtenue.	BOURRES DE SOIE ou frisons.	POIDS DES COCONS FRAIS qu'il faut pour rendre 1 kilogr. de soie grége.	POIDS DE LA MATIÈRE SOYEUSE UTILISÉE : Grége et frisons.	RACE des COCONS EMPLOYÉS.
100	6 kil.	4,766	16,666	10,766	Grosse race de Provence.
100	6,840	3,233	14,617	10,073	Id.
100	9,500	2,400	10,526	11,900	Race de Sainte-Tulle.
100	10,741	1,769	9,310	12,510	Id.
100	9 »	2,433	11,111	11,433	Petits cocons de Bione.
100	10,400	1,426	9,616	11,826	Id.
100	8,800	2,080	11,364	10,880	Cocons de l'Ardèche.
100	8,800	2,400	11,364	11,200	Id.
100	8,400	2,360	11,905	10,760	Id.
100	7,200	2,800	13,889	10 »	Id.
100	8,568	2,567	11,671	11,135	Moyennes.

D'après ce tableau, la moyenne de la production en soie grége pour les quatre races expérimentées par M. Guérin Méneville, serait de 8,568 p. 100; l'ensemble de la matière soyeuse, c'est-à-dire de la grége et du frison réunis, ne s'élèverait qu'à 11,135.

Or nous savons, par les calculs du paragraphe précédent, que la coque proprement dite n'entre dans le poids total du cocon frais que pour 14,624 p. 100. Puisqu'il n'en reste plus que 11,135, il y a donc eu perte à la manutention de 3,489 p. 100, perte causée, d'une part, par l'évaporation, et de l'autre par l'extraction de plusieurs résidus qui n'ont aucune valeur,

Si, comme c'est très-probable, la perte est la même pour les soies de l'ailante, nous en aurons le chiffre par cette proportion :

Le poids net des cocons du mûrier est à la perte que ce poids supporte au dévidage comme le poids net des cocons de l'ailante est au nombre cherché, ou bien :

$$14,624 : 3,489 :: 12,297 : x$$
$$\text{d'où } x = \frac{3,489 + 12,297}{14,624} = 2,934.$$

Les 12k.297 que pèsent net les cocons de l'ailante, avant le dévidage, perdront par conséquent dans cette opération 2k.934, ce qui réduira à 9k.363 grammes la matière soyeuse qu'on peut en retirer, c'est-à-dire la grège et les frisons.

Nous obtiendrons enfin le poids de ces derniers par la proportion moyenne que nous donne le tableau par rapport à l'ensemble de la matière soyeuse. Ainsi nous dirons : le poids des frisons contenus dans les 9k.363 est à ce dernier poids, comme 2,567 est à 11,135, ou

$$x : 9,363 :: 2,567 : 11,135$$
$$\text{d'où } x = \frac{9,363 \times 2,567}{11,135} = 2^k.158.$$

Si nous retranchons enfin ces 2k.158 des 9,363, le

reste est la soie grége dont le poids est ainsi de 7k.205 grammes.

Pour donner à ces calculs une forme plus claire, nous les résumerons dans un autre tableau, où ressortiront mieux les pertes successives des deux espèces de soie.

	MURIER	AILANTE
Cocons frais	100 kil.	100 kil.
Poids des chrysalides	83,334	83,154
Reste	16,666	16,846
Poids des peaux	2,042	4,549
Reste	14,624	12,297
Perte à la filature	3,489	2,934
Reste	11,135	9,363
Poids des frisons	2,567	2,158
Soie grége	8,568	7,205

Si la pratique vient, comme nous l'espérons, justifier nos calculs, on obtiendra 7k.205 grammes de grége avec 100 kil. de cocons de l'ailante, d'où il résulte que, pour faire 1 kil. de grége, il faudra de ces derniers 7,205 fois moins, ou $\frac{100}{7,205}$ c'est-à-dire 13k.880 grammes.

Ceci posé, nous pouvons facilement faire le prix de revient d'un kilo de soie grége. Puisque, pour l'obtenir, il nous faut 13k.880 grammes de cocons frais, nous aurons pour première dépense le prix de ces cocons :

13,880 grammes à 2 fr. le kil...................... 27f.75
La façon du dévidage coûte ordinairement de 6 à 8 fr.
  par kilogramme de grége; le cocon de l'ailante devant présenter plus de difficultés, nous la mettrons à   10.»»

Total à reporter...... 37.75

Report.......	37.75

De cette somme, nous avons à déduire la valeur des frisons que nous évaluons à 15 fr. le kil.[1], soit 300 gr. à 15 fr. 4.50

Prix de revient de la soie grége au kil........ 33.25

Les cocons du mûrier, non pas au prix actuel, mais au cours le plus bas, c'est-à-dire à 4 fr. le kil., feraient encore ressortir la grége à 48,70. Nous aurions en effet :

11,671 kil. de cocons frais à 4 fr. 46f.70
Façon du dévidage .... 8.»»

TOTAL 54.70

Frisons à déduire 2,567 pour 100 sur 11,671 soit 300 grammes à 20 fr .... 6.»»

48.70

La différence serait encore plus sensible, si, pour nos ailantes, la moyenne des cocons frais remontait à 3 grammes. Le prix de ces derniers ne serait plus que de 1f,50 et le prix de la grége de 26f,30. Ce prix, pour une matière d'une aussi grande finesse, serait dans nos fabriques d'une immense ressource. Nous verrons tout à l'heure ce qu'on en pourrait faire.

On peut dire, il est vrai, que l'exactitude de ces calculs est encore subordonnée à la manière dont se fera l'opération du dévidage. Et si ce dévidage ne pouvait pas se

[1] Les frisons bruts et les bourres qui n'étaient autrefois que de peu de valeur, sont en grande faveur depuis quelques années et se vendent aujourd'hui de 20 à 23 francs. En les portant à 15, nous sommes bien au dessous de la valeur réelle.

D'après le tableau de la page 142, nous savons que la moyenne du poids de ces frisons est de 2,158 p. 100 du poids des cocons frais. Ce dernier poids étant ici de 13k.880 grammes, le poids de nos frisons sera de

$$\frac{13,880 \times 2.158}{100} = 0,29953040 \text{ soit à peu près 300 grammes.}$$

faire. S'il fallait en venir à carder nos cocons, que deviendrait alors la valeur de nos soies ?

Elles perdraient, sans nul doute, de très-grands avantages. Mais les bourres de soie sont maintenant une matière tellement recherchée, les progrès de la fabrique donnent à ces produits une telle faveur que le prix de 2 fr. par kilogramme de cocons frais serait encore, dans ce cas, parfaitement admissible.

Les frisons et les bourres de la soie du mûrier, sont cotés bruts aujourd'hui, sur la place de Lyon, de 20 à 23 francs. La matière soyeuse que contient nos cocons et que d'après notre dernier tableau, nous avons vu peser environ 12 p. 100 du poids du cocon frais, ne ressortirait encore qu'à 16 ou 17 francs. Ainsi donc en payant 2 fr. les cocons pleins, on aurait des frisons à 16 ou 17 fr. et ces frisons vaudraient largement les premiers, puisqu'ils seraient formés de la meilleure partie d'une soie dont nous savons la finesse et la force.

Nous n'avons donc aucun risque à courir en plantant des ailantes. L'opération peut être plus ou moins brillante suivant le parti qu'on tirera de la soie; mais elle donnera toujours au moins les résultats que nous avons trouvés dans le chapitre VI.

§ 5. — Emploi de la soie de l'ailante.

Les tissus présentés à l'Académie des Sciences par M. Guérin Méneville [1] prouvent que notre soie peut très-

____
[1] Voir page 135.

bien s'appliquer à divers genres d'étoffes. Mais d'après le récit de plusieurs voyageurs, d'après les mémoires publiés sur la Chine, l'emploi le plus fréquent de cette précieuse matière est en étoffe écrue.

Le grès qui recouvre le brin de la soie, lui donne un mérite tout exceptionnel, mérite que les Chinois savent bien mettre à profit. Insoluble dans l'eau, ce grès ne s'altère pas au lavage de l'étoffe, qu'il protége, au contraire, contre les taches de graisse.

C'est pourquoi ces tissus sont généralement adoptés, dans le Nord de la Chine, pour les costumes d'été et même pour les vêtements d'un usage journalier. D'ailleurs la teinte grise que donne à cette étoffe la couleur du grès est agréable à l'œil, et joint encore à cet avantage une rare solidité. Aussi, bien que cette soie se prête à la teinture et qu'elle puisse prendre même les nuances les plus vives [1], sa teinte naturelle lui garde par elle-même une très-large place dans la consommation.

Le bas prix, d'ailleurs, auquel ressortirait ce genre de tissu, le rendrait accessible à toutes les fortunes.

Le titre employé pour la chaîne d'un taffetas très-fort de 80 portées, est de 22/24 deniers, ce qui représente environ 425 mille mètres de longueur au kilogramme. Le moulinage coûtant pour l'organsin 10 francs en moyenne, toute perte comprise, le kilogramme mouliné revient à 43f.25, ce qui remet à près de 11 centimes le prix d'un écheveau de 1,000 mètres de longueur.

---

[1] M. Guérin Méneville avait exposé, en 1865, au Palais de l'Industrie, une série d'échantillons teints en toutes nuances par M. Michel Hombres, de Nîmes, et qui prouvaient que la soie de l'ailante peut aussi bien qu'aucune autre matière recevoir la teinture.

Pour la trame, le moulinage ne coûte guère que 8 francs, et le prix du kilogramme mouliné se réduit à 41f.25; mais comme on emploie des filatures moins fines, c'est-à-dire du 24/26 deniers ou 360 mille mètres, les 1,000 mètres reviennent à 1 cent. de plus. Les 80 portées, de 80 fils chaque, donnent en chaîne 6,400 fils, soit 6,400 mètres pour chaque mètre d'étoffe. La trame, quoique plus grosse, est toujours plus serrée et peut être évaluée à 7 écheveaux par mètre. Nous aurons ainsi :

Chaîne 6,400 mètres à 11 cent	0,70
Trame 7,000 mètres à 12 cent	0,84
Bobinage et ourdissage.	0,25
Tissage	0,80
Frais généraux.	0,26
Total.	2,85

L'apprêt qu'on donne ensuite, et qui consiste en une sorte de cylindrage, ne coûte qu'un franc par pièce, et l'allongement produit par cette opération couvre plus que les frais, et vient même compenser les pertes diverses qu'on ne peut éviter dans la manutention.

Un tissu fabriqué dans ces conditions, tout aussi fort et beaucoup plus léger que les produits similaires en soie du mûrier, pourrait être vendu à peu près 3f.50. Ce ne serait point une étoffe molle et sans consistance comme le foulard de l'Inde, mais un tissu corsé comme ces beaux taffetas noirs qui se vendent aujourd'hui de 8 à 9 francs.

C'est là la seule étoffe dont nous puissions faire un devis à peu près exact; la teinture, les préparations diverses, les différences de compte, les changements d'armures, qui modifient constamment les prix des autres genres, ne nous permettent pas de nous en occuper.

Mais nous dirons du moins, sans crainte de nous tromper, que la soie de l'ailante, avec les qualités qui lui sont reconnues et le bas prix auquel nous pouvons la produire, devra toujours entrer avec grand avantage dans la fabrication de diverses soieries.

Elle ne sera pas non plus moins utile à Roubaix, à Reims, à Rouen, pour ces jolies étoffes de matières mélangées, dont le montage exige une chaîne très-forte, assez fine cependant pour laisser à la trame tout l'effet extérieur. Pour ce genre de produits, elle pourra remplacer l'usage du coton dans bien des circonstances.

Un emploi, qui ne laisse pas que d'être assez considérable, se trouve encore pour la soie de l'ailante dans une autre industrie, celle des fils à coudre. L'usage de ces jolies machines, qui remplacent si bien les doigts des couturières, demande un fil solide en même temps que très-fin. Ces deux rares qualités, réunies au bas prix, vont rendre notre soie plus précieuse qu'aucune autre pour ce genre de travail, qui prend de jour en jour une plus grande extension.

CONCLUSION

On voit par les calculs de nos derniers chapitres que, si
les espérances qu'avaient données d'abord les nouveaux
vers à soie, étaient exagérées, les opinions contraires à
cette importation n'étaient pas mieux fondées. La culture
de l'ailante peut être avantageuse ; mais, comme toute
autre, elle demande des soins, elle exige des frais que
l'expérience seule pouvait nous faire connaître.

Si l'on peut parvenir à faire pousser l'ailante avec assez
de vigueur dans de mauvais terrains, cet arbre deviendra
pour certaines contrées une immense ressource. Et s'il n'a
pas ce précieux avantage, il n'en sera pas moins pour
les terres ordinaires d'un excellent produit.

La soie de son Bombyx, si fine et si nerveuse, nous
créera des étoffes d'un excellent usage, et qui prendront
leur place entre les tissus de laine et les plus riches
soieries.

La popularité de notre Cynthia a quelque peu souffert dans ces dernières années de l'acclimatation d'un nouveau ver sauvage, le Bombyx Yama-Maï, qui nous vient du Japon et qui vit sur le chêne. Il est peut-être bon d'en dire quelque mots et de réduire à leur juste valeur des appréciations souvent exagérées, et qui ne sont pas sans nuire au succès de notre œuvre.

Ce ver qui, comme le nôtre, peut vivre en liberté sous le même climat, donne un cocon fermé qui se dévide bien par les procédés ordinaires, et dont on tire une soie d'une grande valeur, propre surtout à des emplois spéciaux.

Les plantations de chêne ne sont pas rares en France, et leur exploitation, au moyen d'un Bombyx qui offre à l'industrie de pareils avantages, est au premier abord beaucoup plus séduisante qu'une création nouvelle, dont on ne tire parti qu'au bout d'un certain temps.

Le nouveau ver à soie devait donc entraîner beaucoup de prosélytes, et les prendre surtout dans le camp du Cynthia. Des savants très-sérieux se laissèrent même éblouir par cette perspective plus brillante que vraie.

Le ver à soie du chêne peut très-bien réussir et même donner des produits considérables, mais à la condition de recevoir les mêmes soins que le ver de l'ailante. Il n'est pas moins exposé que son modeste confrère aux attaques des insectes ; il n'a pas moins à craindre de la part des oiseaux, et les plantations qui lui sont destinées doivent être préparées et entretenues, comme nous l'avons prescrit pour les exploitations du Bombyx Cynthia.

Il faut donc renoncer à faire de nos grands bois des magnaneries sauvages. Il ne serait pas possible, en pleine forêt, de nettoyer le sol de manière à détruire les insectes nuisibles. Il est donc nécessaire de créer pour l'Yama-Maï, comme pour le Cynthia, des plantations spéciales, disposées de telle sorte que l'on puisse fréquemment cultiver le terrain.

Ainsi, ce qui faisait aux yeux de bien des personnes le principal mérite de cette nouvelle espèce, c'est-à-dire l'avantage d'augmenter le produit de nos belles forêts, n'est donc qu'une illusion.

Le chêne pousse lentement, et ce ne sera sans aucun doute qu'après plusieurs années, que les jeunes plants pourront être en état de recevoir des vers. D'après M. Skatschkoff, dont nous avons déjà cité quelques fragments, ce n'est que la cinquième année que l'on peut y nourrir les premières chenilles, et encore le produit en est-il si minime, qu'il faut ensuite au moins cinq à six ans pour qu'il puisse couvrir les frais d'exploitation.

C'est pour cette raison que, en Chine et au Japon, les grandes cultures de vers à soie du chêne n'appartiennent qu'à l'État ou aux membres des familles impériales. On a dit quelque part que l'exploitation de l'Yama-Maï constituait dans ces contrées un monopole exclusif au profit de ces princes. Le monopole existe, mais il est établi par la nature elle-même qui ne permet pas aux simples particuliers de jouir d'un revenu si long à obtenir.

Le Manuel Japonais [1] qui nous montre comment les petits cultivateurs élèvent ce Bombyx sous des hangars voisins de leurs habitations, ne nous dit nulle part que ces braves laboureurs soient en contravention. Si quel-

[1] Voir page 103.

ques-uns d'entre eux sortent leurs vers à leur quatrième
âge, c'est sur des plantations faites pour cet usage, et
l'auteur a bien soin de nous dire que le sol a été nettoyé
douze mois à l'avance. Mais ces plantations sont de peu
d'importance, puisqu'elles ne sont jamais pour ces cultivateurs qu'un léger accessoire.

Les gréges d'Yama-Maï se vendent à Yoko-Hama 55 fr.
le kilogr., soit à peu près le même prix que les gréges du
mûrier sur le même marché[1]. Comment expliquerait-t-on
un prix aussi élevé pour des produits de vers à soie sauvages pouvant vivre en plein air, s'il suffisait, pour nourrir
ces derniers, de les abandonner dans des taillis de chênes ?

Tout cela prouve au contraire que là, comme pour l'ailante, tout est bien à créer.

En France, où la terre change si souvent de mains,
trouvera-t-on facilement un propriétaire qui consente à
livrer le meilleur de son sol pour une exploitation dont il
ne peut attendre le moindre revenu avant au moins dix
ans ? Quels que soient les produits que puisse donner plus
tard une affaire de ce genre, nous voulons jouir plus vite,
et nous préférons de moins beaux résultats, et les avoir
plus tôt.

C'est en Angleterre, où le sol est encore l'apanage de la
noblesse, où les grandes propriétés restent toujours dans
les mêmes familles, où l'on peut sacrifier le présent à
l'avenir, que le ver du chêne doit être le bienvenu.

Pour nous autres Français, dont les fortunes sont beaucoup plus modestes, l'ailante, sans nous promettre d'aussi
gros revenus, est bien mieux notre affaire. La vigueur

[1] *Revue de sériciculture comparée*, 1865, page 39.

merveilleuse avec laquelle il pousse n'exige que peu
d'avances, car la troisième année, il peut couvrir ses
frais, et, dès la quatrième, il est en plein rapport.

On pourrait se demander comment notre soie, qui
paraît être en Chine l'objet d'un grand commerce, n'est
pas plus répandue sur les marchés d'Europe. Ce fait
peut s'expliquer par plusieurs raisons.

Le nord de la Chine, où cet arbre se cultive, n'a jamais eu beaucoup de relations au dehors. Le commerce
de l'Europe avec l'Empire Céleste se fait exclusivement
par les ports du midi, qui sont fort éloignés des provinces
du nord. Et, d'un autre côté, n'est-il pas très-probable qu'une matière employée à faire les vêtements qui se
portent le plus, soit bien vite absorbée par la consommation d'un pays comme la Chine. Nous ajouterons enfin
qu'il est encore possible que cette soie nous arrive après
divers traitements qui en changent l'aspect, la couleur
primitive pouvant être souvent un obstacle à la vente.

Il nous reste à répondre à une dernière objection sur
l'éducation du Bombyx Cynthia, objection de nature à
préoccuper tous les éducateurs. Et la réponse que nous
nous allons y faire, et qui n'est après tout qu'un simple
résumé de toutes nos expériences, sera la conclusion de
ce petit volume.

Plusieurs de nos confrères en sériciculture ont obtenu
dans leurs premiers essais des résultats superbes. Mais
les années suivantes, les pertes sont devenues de plus en
plus sensibles, jusqu'à ce qu'enfin des désastres complets
aient fait abandonner d'inutiles tentatives.

On a cru voir dans cette série de faits la preuve que les
ennemis de nos pauvres Bombyx se multipliaient à mesure

qu'ils connaissaient leur proie ; et l'on en a conclu que les éducations devenaient impossibles après quelques années. S'il en était ainsi, nous n'aurions tous qu'à replier bagage. Mais, fort heureusement, tous ces faits peuvent très-bien s'expliquer autrement.

Quand on plante un terrain et qu'on tient à en voir prospérer les jeunes arbres, on a soin d'arracher, à mesure qu'elles paraissent, les herbes parasites, qui, sans cette précaution, pourraient les étouffer. On détruit par le fait, et cela sans s'en douter, une quantité d'insectes dont les œufs et les larves ramenés sur le sol périssent au soleil, ou deviennent la proie d'une foule d'oiseaux.

Quand les arbres ont pris assez de consistance pour se défendre eux-mêmes, et qu'ils sont assez forts pour recevoir les vers, les soins qu'on leur donnait paraissent moins nécessaires et sont abandonnés.

L'éducation commence. Le terrain purgé par les fréquents binages des saisons précédentes, recèle peu d'ennemis et tout marche à merveille.

Mais bientôt le sol négligé se couvre de verdure. Avec les herbages reviennent petit à petit les insectes qu'ils cachent, et plus tard les oiseaux qui cherchent ces derniers et qui deviennent eux-mêmes pour nos malheureux vers un grand danger de plus. Les pertes sont plus sensibles, à mesure que tout grandit, et la troisième année, les résultats sont nuls.

Tel a été le sort de plusieurs plantations, qui ne produiront rien tant qu'elles ne seront pas complétement assainies par de nouveaux et très-fréquents binages. Un excellent moyen pour les purger plus vite est d'y mettre des poules en même temps qu'on laboure.

Quelques personnes redoutent la dépense que doit occasionner un pareil entretien. Cette dépense, au contraire, sera bien moins sérieuse qu'on ne pourrait le croire, si le travail est fait comme nous le comprenons.

Si l'on détruit les herbes dès qu'elles sortent de terre, si jamais on ne laisse les graines se reproduire, il arrive un moment où le sol ne contient plus ni racines ni germes de tous ces parasites, où l'on ne voit plus sortir que quelques rares semences apportées par le vent. Quand les terres en sont là, le binage est peu de chose, et le succès certain.

Outre l'état du sol, une autre cause encore a bien pu contribuer aux pertes dont nous venons de parler ; c'est cette maladie qui souvent est la suite d'une éclosion vicieuse.

Nous savons que la larve du Bombyx Cynthia a toujours besoin d'air, et que rien n'est plus nuisible à sa rusticité qu'une éclosion faite dans un appartement, surtout dans un appartement fermé. Le mal vient très-souvent de ce que le jeune ver éclos dans un air échauffé est livré tout à coup, lorsqu'on le met dehors, aux variations brusques de nos nuits d'été.

Si le temps est calme et la température moyenne au moment où il sort, le ver peut s'habituer tout doucement au grand air ; il n'en résulte alors aucun inconvénient, ce qui explique comment dans plusieurs circonstances des chenilles n'ont pas souffert d'une éclosion trop chaude.

Quand, au contraire, la température du jour est par trop élevée et par trop différente de celle de la nuit, les jeunes larves soumises pendant leur premier âge à une atmosphère à peu près invariable, souffrent de ce changement, à ce point qu'elles périssent presque toutes au moment de filer.

Plusieurs de nos confrères n'ont dû qu'à cette cause les désastres très-graves éprouvés l'an dernier, et qu'ils éviteront facilement à l'avenir, en laissant à leurs œufs la fraîcheur de la nuit.

Les pertes devant lesquelles on s'est découragé n'ont donc rien qui doive nous effrayer; nous en savons les causes, et quelques précautions bien simples et bien connues suffisent pour y parer.

Notre tâche est maintenant accomplie.

Notre travail aura rempli son but, si, tout en détruisant des illusions dangereuses, il gagne à notre cause des partisans sérieux.

Mais déjà nous voyons par les demandes de graines qui nous arrivent de tous les points de la France, que nous aurons encore pour la prochaine saison un bon nombre de nouveaux émules.

Que leur exemple amène de nombreux prosélytes, et la France aura bientôt cette industrie nouvelle qui doit couronner l'œuvre de notre savant et vénéré maître, M. Guérin Méneville.

FIN.

TABLE DES PLANCHES

TABLE DES MATIÈRES

INTRODUCTION

CHAPITRE I

DE L'AILANTE

CHAPITRE II

DESCRIPTION DU VER A SOIE DE L'AILANTE ET DE SON PAPILLON.

CHAPITRE III

ÉDUCATION DU BOMBYX CYNTHIA

CHAPITRE IV

ALIMENTATION DU BOMBYX CYNTHIA

CHAPITRE V

INSTRUCTIONS PRATIQUES POUR L'EXPLOITATION SÉRICICOLE
DE L'AILANTE

CHAPITRE VI

DÉPENSES ET PRODUITS

CHAPITRE VII

VALEUR ET EMPLOI DE LA SOIE DE L'AILANTE

CONCLUSION

MONTEREAU. — IMPRIMERIE DE L. ZANOTE